수학
언어로
건축을
읽다

# 수학
# 언어로
# 건축을
# 읽다

ⓒ 오혜정, 2020

**초판 1쇄 발행일** 2020년 7월 7일
**초판 3쇄 발행일** 2023년 6월 20일

**지은이** 오혜정
**펴낸이** 김지영  **펴낸곳** 지브레인<sup>Gbrain</sup>
**편 집** 김현주
**제작 · 관리** 김동영  **마케팅** 조명구

**출판등록** 2001년 7월 3일 제2005-000022호
**주소** 04021 서울시 마포구 월드컵로7길 88 2층
**전화** (02)2648-7224  **팩스** (02)2654-7696

**ISBN** 978-89-5979-646-5 (03410)

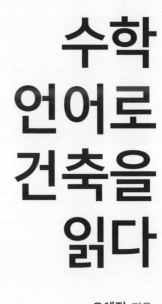

# 수학
# 언어로
# 건축을
# 읽다

오혜정 지음

지브레인

　수학 교사로서 수학을 가르치는 것에 그치지 않고 글을 쓰는 이유는 단 한 가지이다. 아이들이 점수를 잘 받기 위한 수학공부를 하며 긴장하고 스트레스에 노출되어 싫은 감정으로까지 진화하는 대신, 다른 측면에서 수학의 유용성을 느끼고 친숙해지며 수학을 하는 것이 삶에 있어 자연스러운 일임을 느끼기를 바라기 때문이다. 이것은 많은 수학 교사들의 희망사항이기도 하지 않을까.

　이 책은 유적지, 다리, 교통 등 일상생활 속에서 자주 접할 수 있는 장소에서 수학의 시선으로 주변의 건축물이나 시스템을 탐색해보고 수학의 유용성을 이해하도록 하는 Math-Tour를 목표로 하여 쓴 것이다. Math-Tour에 초점을 맞춘 이유도 수학 교사로서 글을 쓰는 이유와 맥을 같이한다. 아이들이 직접 생활하는 일실생활에서 수학이 어떻게 적용되는지를 이해하고 탐색해 보는 것이 수학의 유용성을 과장되지 않게 보여줄 수 있는 가장 최선의 방법이라 여기기 때문이다.

　이 책은《수학 언어로 문화재를 읽다》와 맥락을 갖게 하여 쓴 두 번째 권이라 할 수 있다.《수학 언어로 문화재를 읽다》에서 조선의 5대 궁궐 중 법궁이었던 경복궁을 필두로 하여 세계문화유산으로 지정된 수원 화성과 백제역사유적지구, 우리나라의 전통가옥인 한옥을 볼 수 있는 민속촌, 세계적으로 유명한 건축물인 동대문 디자인센터나 상암월드컵 경기장을 배경으로 탐색하였다면 이번 책에서는 세계문화유산으로 지정된 창덕궁과 조선 제1의 성군인 세종대왕의 업적을 볼 수 있는 여주 세종대왕릉, 바다 한 가운데에 서 있는 기다란 다리, 집 밖을 나서면 반드시 이용하는 도로교통, 별바라기들의 성지라 할 수 있는 천문대를 배경으로 탐색해 보았다.

첫 번째로 탐색에 나선 장소는 조선시대 5대 궁궐 중 유일하게 세계문화유산으로 지정된 창덕궁이다. 한 TV 프로그램인 '어서와, 한국은 처음이지?'에서처럼 우리나라의 전통과 멋을 한껏 품고 있는 창덕궁을 외국인에게 소개하는 것과 같은 느낌으로 우리 아이들에게도 소개하고픈 마음에 선정하여 탐색해 보기로 하였다. 단순히 궁을 둘러보는 것에 그치지 않고, 우리만의 문화와 정서를 담은 멋을 담아내기 위해 궁안의 곳곳이 얼마나 정교하고 치밀한 계산 아래 지어졌는지를 보여주고 싶었다. 건축물의 크기와 형태에 많은 영향을 끼치는 것이 수학이기에, 수학의 눈으로 탐색해 보는 것이 창덕궁을 이해하는 데 큰 도움이 될 것이다. 특히 창덕궁은 후원이 차지하는 비중이 큰 만큼 복잡한 정치에서 잠시 벗어나 쉼과 여유를 즐기는 공간을 어떻게 장식했는지를 수학적 시각으로 살펴보는 것도 창덕궁이 세계문화유산에 지정된 이유를 조금이나마 이해하는 데 도움이 될 것이다.

두 번째 탐색 내용은 조선시대 성군 중 가장 먼저 손에 꼽는 세종대왕의 업적에 초점을 맞추었다. 그는 가히 수학, 과학의 왕이자 음악의 왕이라 해도 과언이 아닐 것이다. 그렇기에 세종대왕이 어느 정도로 수학, 과학에 열성을 쏟았는지를 알아보기 위해 당시에 제작되었던 해시계, 간의를 비롯한 여러 관측기기들에 대해 살펴보고, 절대음감을 가진 세종대왕이 조선만의 음악을 정비한 부분에 대해서도 살펴보며 그의 업적을 기리고자 하였다.

세 번째 탐색 내용은 평소 수많은 무거운 차량들이 지나다니고 매년 강력한 비바람을 몰고 오는 태풍에도 끄떡없이 안정감 있게 서 있는 천사대교, 인천대교 등의 교량에 대해서이다. 오늘날 이들 교량들은 교각을 세우지 않는 구간의 길이를 늘이거나 전체 다리의 길이가 매우 긴 다리들이 바다 한 가운데에 건설되고 있기도 하다. 이것이 가능한 이유 중에는 수학이 중요한 역할을 하고 있기도 하다. 이를 수학적으로 탐색해 보며, 수학이 가지고 있는 힘을 느껴볼 수도 있다.

네 번째로는 집밖을 나서는 순간 반드시 이용할 수밖에 없는 도로교통에 대해 탐색해 보았다. 무심코 이용하기만 했던 도로교통에도 수학이 우리의 안전과 편리에 도움을 주고 있다는 사실에 대해 알아보고 수학과 함께하는 일이 얼마나 가치가 있는 일인지를 생각해 볼 수도 있다.

마지막 탐색 내용은 천문대를 배경으로 별바라기들이 이용하는 망원경 및 대구경의 천체망원경의 원리에 대해 집중적으로 알아보며, 수학을 적용하는 것만으로도 수만 km 떨어진 우주의 천체들을 관측할 수 있으며 그들의 운동궤적을 추적할 수 있다는 사실이 얼마나 흥미로운 일인지를 경험할 수 있다.

때문에 이 책은 수학을 배우면서 수학이 어디에 활용되는지를 알고 싶은 학생, 12년 동안 수학을 배우긴 했지만 그 수학이 어디에서 어떻게 적용되어 있는지를 조금이나마 알고 싶은 분들에게 권하고 싶다.

책을 읽으며 교과서 속 수학처럼 수학이 문제풀이만을 위해 존재하는 것이 아닌, 우리 생활주변에서 과학과 기술, 공학, 음악, 공예 등과 어울리며 때로는 기본바탕을 이루는 역할을 하기도 하고 때로는 결코 없어서는 안 될 주요한 역할을 하며 멋을 만들고 안전을 책임지며 미래 과학의 발판이 되고 있다는 것을 알게 되기를 기대한다. 더불어 일상에서 수학을 하는 일이 특별한 것이 아닌, 이미 많은 수학이 생활 속에 자연스럽게 적용되어 있어 나도 모르게 활용하면서 그 가치를 경험하고 있음도 이해하기를 바란다.

마지막으로 이 자리를 빌어 이 책이 나오기까지 많은 자료와 사진, 원고 정리에 큰 도움을 주신 출판사 여러분에게 감사의 인사를 드린다.

오혜정

# contents

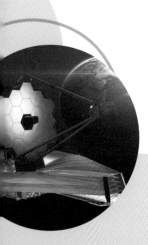

## 제1장

자연을 담은
'가장 한국적인 궁궐'

# 창덕궁

동궐도는 창덕궁과 창경궁을 조감도 형식으로 그린 조선 후기의 대표적인 궁궐 건축 그림이다. 가로 576cm 세로 273cm의 크기로 비단 바탕에 채색한 국보 제249호이다. 순조 30년에 불타버린 환경전과 순조 34년에 중건된 통명전 경복전 건물은 없고 터만 그려져 있다는 점을 고려하여 제작 연대는 1826년 ~ 1828년 경으로 추정된다.

열여섯 폭의 비단에 먹과 채색 물감으로 당시 궁 안에 실재했던 누정, 다리, 담장은 물론 연못, 괴석 등의 조경과 궁궐 외곽의 경관까지 세밀하게 그렸다는 점에서 화원들의 뛰어난 화공기법과 정밀성을 엿볼 수 있다. 동궐도는 예술적 가치와 더불어 궁궐 연구와 복원에 중요한 자료로 평가되고 있다.

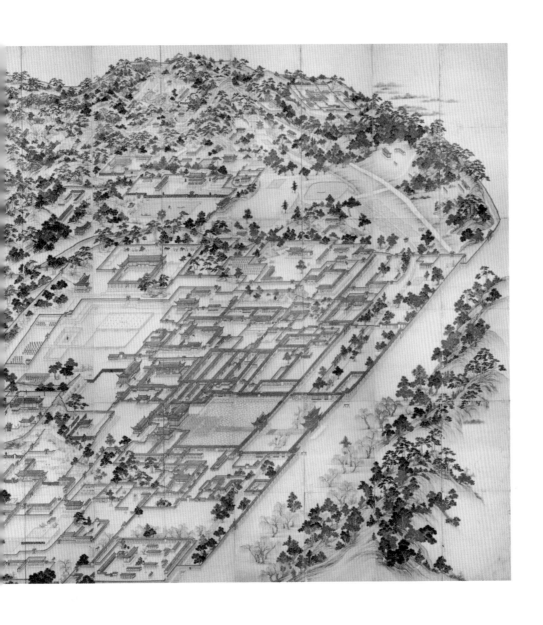

창덕궁 인정전 내부.

창덕궁 인정전 옥좌.

창덕궁.

창덕궁.

# 조선의 정체성이 가장 잘 보이는 창덕궁

　돈화문 앞. 이른 오전인데도 사람들이 꽤 모여 있다. 고궁 탐방객들이다. 한국을 찾은 외국인 관광객과 휴일에 잠시 현실에서 벗어나 문화적 호사를 누리고 싶은 시민들, 삼삼오오 무리를 지어 인증샷을 찍는 한복 입은 젊은이들이 있는가 하면 역사 탐방을 목적으로 온 어린 학생들도 보인다. 2016년 처음으로 조선시대 정궁인 경복궁을 비롯해 창덕궁, 창경궁, 덕수궁 등 4대 궁궐과 종묘를 찾는 관람객이 연간 1000만 명을 돌파한 후 이제 서울의 고궁 탐방은 하나의 놀이 문화로 자리매김했다.

　서울에는 5개의 조선시대 궁궐(경복궁, 창덕궁, 창경궁, 덕수궁, 경희궁)이 있다. 이중 가장 대표적인 궁궐이 경복궁이지만, 서울의 다섯 궁궐 중 원형이 가장 잘 보전되어 있으며 조선의 정체성을 가장 많이 반영한 곳은 창덕궁이다. 세계문화유산에 등재된 곳 또한 창덕궁 한 곳뿐이다.

　1405년 태종 때 건립된 조선 왕조의 왕궁인 창덕궁은 경복궁과는 다른 측면에서 대표성을 갖는다. 처음에는 법궁인 경복궁에 이어 이궁으로 지었는데, 17

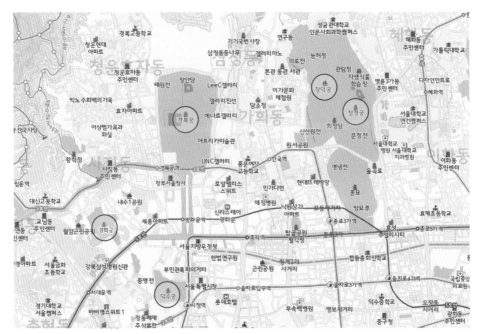

서울에는 5개의 조선시대 궁궐(경복궁, 창덕궁, 창경궁, 덕수궁, 경희궁)이 있다.

세기에 들어오며 위상이 달라졌다.

임진왜란 때 한양의 궁궐들이 모두 불탄 후에 경복궁은 그 터가 불길하다는 이유로 재건되지 않고 1610년(광해2)에 창덕궁이 재건된다. 그리고 경복궁이 재건될 때까지 270여 년 동안 법궁으로 사용되었다. 특히 조선 왕조 문화의 색이 가장 짙게 드러났던 17~19세기, 이곳은 가장 찬란한 한국의 문화를 이끌어가는 장소였다.

창덕궁에는 왕족에게만 허용된 은밀한 휴식공간인 대한민국 최대의 궁중 정원 '후원'도 있다. 부용정, 애련정, 존덕정, 관람정, 소요정, 청의정, 태극정으로 이어지는 정자를 품은 채 500년째 그윽하게 자리하고 있는 연못들과 계곡, 우거진 숲은 한 걸음 한 걸음 내딛을 때마다 비밀스러운 감동이 은밀하게 스며든다.

창덕궁 관람 코스는 보통 전각 관람과 후원 관람으로 나뉘어 다음과 같이 진행된다.

1 돈화문→궐내각사→금천교→인정전→선정전→희정당→대조전→낙선재

2 후원 입구→부용지→불로문→애련지→존덕정과 관람정→
  옥류천의 태극정과 청의정→연경당

이제부터 서울의 다섯 궁궐에 담긴 한국의 문화와 미의식을 이해하는 열쇠이자 가히 고궁의 도시라 할 수 있는 서울의 문화 중심이며 허브인 창덕궁을 수학의 시선으로 읽어보기로 하자. 그동안 역사적, 문화적으로 살펴본 창덕궁의 이해에 또다른 깊이를 더하는 데 큰 도움이 될 것이다.

## 창덕궁이 세계문화유산으로 등재된 이유는 무엇일까?

1997년 12월 창덕궁은 유네스코 세계문화유산으로 등록되었다. 창덕궁은 세계문화유산 등록기준 중 다음 3가지를 충족시켰다.

| | |
|---|---|
| ②항 | 일정한 시간에 걸쳐 혹은 세계의 한 문화권 내에서 건축, 기념물 조각, 정원 및 조경디자인, 관련예술 또는 인간정주 등의 결과로서 일어난 발전사항들에 상당한 영향력을 행사한 유산. |
| ③항 | 독특하거나 지극히 희귀하거나 혹은 아주 오래된 유산. |
| ④항 | 가장 특징적인 사례의 건축 양식으로서 중요한 문화적, 사회적, 예술적, 과학적, 기술적 혹은 산업의 발견을 대표하는 양식. |

유네스코는 조선시대의 전통건축물인 창덕궁이 자연경관을 배경으로 건축과 조경이 고도의 조화를 이루고 있으며, 후원은 동양 조경의 정수를 감상할 수 있는 세계적인 조형의 한 단면을 보여주는 특징을 갖추고 있음을 높이 평가했다.

창덕궁은 인위적인 구조를 따르지 않고 주변 지형과 조화를 이루도록 자연스럽게 건축하여 가장 한국적인 궁궐이라는 평가를 받고 있다.

또 동아시아 궁전 건축사에 있어 비정형적 조형미를 간직한 대표적 궁으로 주변 자연환경과의 완벽한 조화와 배치가 탁월하다.

왕가의 생활에 편리하면서도 친근감을 주는 창덕궁의 공간 구성은 경희궁이나 경운궁 등 다른 궁궐의 건축에도 영향을 주었다. 조선시대에는 궁의 동쪽에 세워진 창경궁과 경계 없이 사용했으며, 두 궁궐을 '동궐'이라는 별칭으로 불렀다. 또 남쪽에는 국가의 사당인 종묘가, 북쪽에는 왕실의 정원인 후원이 붙어 있어서 조선 왕조 최대의 공간을 형성했다.

이렇듯 조선 왕조의 상징이었던 창덕궁은 여러 차례의 화재로 소실과 재건을 거치면서 많은 변형이 이루어졌고 1991년부터 본격적인 복원사업이 시작되어 현재의 모습이 되었다. 그리고 1997년 12월 6일 유네스코에 세계문화유산으로 등재되어 명실상부 한국을 대표하는 궁궐이 되었다.

경복궁과 창덕궁은 같은 궁궐이면서도 건축적 의장이 사뭇 다르다. 궁궐의 중요 건물은 유교 예법에 맞도록 중심축을 형성하며 질서정연하게 배치되어야 하지만 창덕궁은 설계 당시부터 언덕이 많고 굴곡진 지형에 지리적 특성에 따라 자연에 순응하는 형태로 지어졌다. 창덕궁의 정문인 돈화문과 정전인 인정전, 편전인 선정전 등은 중심축 선상에 배치되어 있지 않다. 이에 반해 경복궁의 배치도를 살펴보면 광화문 – 홍례문 – 영제교 – 근정문 – 근정전 – 사정전 – 강령전 – 교태전에 이르기까지 남북 직선 축 위에 배치되어 있는 것을 볼

경복궁 배치도.

창덕궁 배치도.

수 있다. 이러한 배치는 고대 중국에서 〈주례 고공기〉에 나온 궁궐의 배치에 따른 것이라 볼 수 있다.

평지에 세워진 경복궁과 달리, 창덕궁은 북쪽 응봉에서 흘러나온 자연 지형을 이용하여 자리를 잡았다. 이에 따라 창덕궁의 건물들은 일정한 체계 없이 자유롭게 배치되어 있다. 그래서 언뜻 무질서해 보이는 건물 배치지만 사실 주변 구릉의 높낮이뿐 아니라 그 곡선과도 잘 조화를 이루고 있다. 건물 각각의 규모 또한 경복궁과 비교하면 작고 소박하다.

불규칙한 자연 지세를 적절히 이용한 이와 같은 건물 배치는 창덕궁과 경복궁이 대조되는 가장 큰 이유 중 하나이다.

창덕궁에 도착해서 처음으로 마주하는 것은 돈화문이다. 1963년 1월 21일 보물 제383호로 지정된 창덕궁의 정문인 돈화문은 중층으로 되어 있다. 경복궁의 광화문과 마찬가지로 문루 건물의 주요 특징답게 우진각 지붕인 돈화문의 지붕은 긴 팔을 쫙 벌린 채 정중하면서도 반갑게 손님을 맞이하고 있는 듯한 모습을 보여준다.

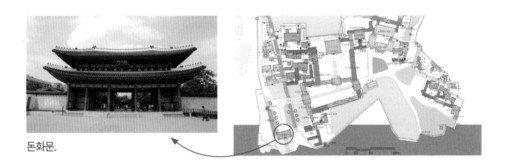
돈화문.

돈화문을 지나, 인정전을 향해 걸어가다 보면 경복궁과는 다르게 돈화문에서 인정전에 이르는 길이 직선이 아니라 ㄱ자 ㄴ자로 동선이 꺾여야만 금천교를 건너 진선문과 인정문에 다다르도록 되어 있음을 알게 된다.

금천교는 돈화문과 진선문 사이를 지나는 명당수 위에 설치돼 있는데, 태종 11년(1810년) 설치된 이후 숱한 화재와 전란에도 불구하고 창건 당시의 모습을 보존하고 있다. 현존하는 궁궐 안 돌다리 가운데 가장 오래된 것이다.

진선문을 통과하면 사각형의 넓은 공간으로 들어가게 된다. 그런데 공간의 형태가 이상하다. 직사각형도 정사각형도 아닌 사다리꼴 모양이다. 진선문에서 숙장문까지의 공간이 직사각형이 아님을 보여주는 증거로 금천교 중앙에 서서 진선문을 통해 맞은편의 숙장문을 보면 숙장문의 가운데 문이 진선문의 가운데 문이 아닌, 왼쪽 문을 통해 보인다. 만일 진선문에서 숙장문까지의 공간이 반듯한 직

진선문의 왼쪽 문을 통해 보이는 숙장문.

사각형이나 정사각형이었으면 분명히 진선문의 가운데 문으로 숙장문의 가운데 문이 보였을 것이다.

진선문과 숙장문 사이 공간의 중간지점 왼쪽에 인정문이 있다. 어도 또한 중간에 삼거리처럼 갈라지는 데 자세히 보면 진선문을 통과해 안으로 들어가는 어도와 인정문으로 들어가기 위해 왼쪽으로 꺽이는 어도가 직각을 이루지 않음을 알 수 있다. 이 또한 사다리꼴 공간 구성에 기인한다.

그런데 궁의 정문을 지나 정전까지 가는 중심 공간에서 직선이 아닌 ㄱ자 ㄴ자 형태의 동선과 이 사다리꼴 모양의 공간을 조성한 이유는 무엇일까?

그것은 기술력이 부족해서가 아니라 지세에 맞게 자연과 조화를 이루기 위해 설치했기 때문이다. 궁궐 건축에서는 직사각형, 정사각형, 원형을 이용해야 한다는 원칙을 벗어난 과감하고 친근한 이런 공간 조성이 바로 창덕궁의 주요 특징이라 할 수 있다.

인정문을 들어서면 행랑으로 둘러싸인 인정전이 근엄하게 자리하고 있다. 뒤에 보이는 숲, 응봉이라는 낮은 산이 배산으로 병풍처럼 펼쳐져 있으며 임금의 권위를 한 눈에 느낄 수 있도록 장엄하게 짓되 거대한 규모로 짓지 않아서 근정전에 비하면 소박한 편이다.

인정문에서 바라본 인정전.

창덕궁 인정전.

창덕궁은 크게 인정전과 선정전을 중심으로 한 치조治朝 영역, 희정당과 대조전을 중심으로 한 침전 영역 동쪽의 낙선재 영역, 그리고 북쪽 구릉 너머의 후원 영역으로 구성되어 있다.

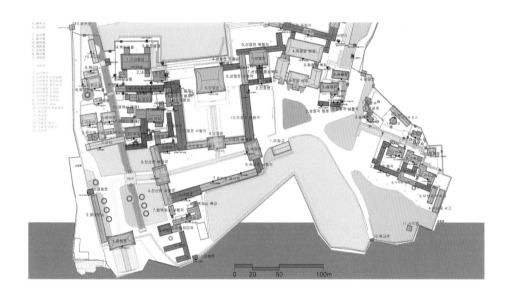

## 창덕궁에 적용된 수와 도형 그리고 그 의미

창덕궁은 별궁으로 지어졌지만 경복궁과 마찬가지로 왕이 머무르는 공간이기에 고도의 수학적 천문학적 지식을 바탕으로 한 엄격한 기하학적인 계획 아래 최고의 예술적 안목과 과학적 시공으로 건축되었다는 것을 미루어 짐작할 수 있다.

건축은 수와 도형을 바탕으로 설계되고 만들어진다. 수는 치수 등 건축의 크기에 영향을 주기도 하고 상징성을 부여하는 반면, 도형은 건축의 형태를 완성해 가는데 영향을 미친다.

먼저 창덕궁에 적용된 수들에 대해 알아보기로 하자.

우선 가장 눈에 띄는 것은 음양사상에 따라 홀수를 양수로 짝수를 음수로 구분하여 사용하고 있다는 것이다.

음양설에서 1은 최소의 양수이고 2는 최소의 음수이며 3은 최초의 양수 1과 최초의 음수 2가 결합하여 나타나는 최초의 변화된 양수로 우주의 탄생을 의미하는 것으로 보았다. 천지인의 삼재사상에 의해서도 3은 우주의 의미이며, 오행사상에 의하면 5는 우주를 구성하는 모든 원소가 완벽히 갖추어진 것을 의미한다.

이에 따라 경복궁처럼 3문 3조의 규칙을 지키려고 한 것은 아니지만 창덕궁의 정전인 인정전에 도착하기까지 돈화문과 진선문, 인정문이라는 3개의 문을 지나야 하며, 이 3개의 문 또한 각각 3개의 직사각형 문으로 구성되어 있다.

지붕에 설치된 잡상도 인정전은 7개, 희정당은 5개, 대조전은 7개가 설치되어 홀수개로 구성되어 있다. 하물며 희정당의 돌출된 현관의 지붕에도 3개의 잡상이 설치되어 있다.

인정전 잡상.

대조전 잡상.

희정당 잡상.

또 익살스럽게도 금천교 난간 기둥에 새겨진 석수들조차 홀수를 구현하고자 했다. 네 마리 석수 중 한 마리는 고개를 비틀어 올리고서 장난스러운 표정을 짓고 있다.

금천교 바깥 왼쪽 석수.　금천교 바깥 오른쪽 석수.　금천교 안쪽 왼쪽 석수.　금천교 안쪽 오른쪽 석수.

　건축물의 규모 또한 홀수를 구현하려 했다. 음양설에 따르면 살아 있는 사람의 집은 양택, 죽은 사람의 집인 무덤은 음택으로 구분하여 양택에는 양수인 홀수를 적용하는 것이 일반적이었다.

　양택에서 정면의 칸 수는 1칸, 3칸, 5칸, 7칸, 9칸과 같이 양수 칸으로 만드는 것이 일반적이었으며 측면의 칸 수는 홀수나 짝수에 관계없이 만들었다. 창덕궁의 각 건물의 규모를 살펴보면 인정전은 (정면 5칸)×(측면 4칸)이며, 선정전은 (정면 3칸)×(측면 3칸), 대조전은 (정면 9칸)×(측면 4칸)으로 되어 있다.

　그렇다면 도형들은 주로 어떤 것들이 적용되어 있을까?

　전통건축에 있어서 원과 사각형은 가장 기본적으로 사용된 도형이라 할 수 있다. 그것은 '하늘은 둥글고 땅은 네모나다'라는 천원지방天圓地方 사상이 당시 우주에 관한 생각을 반영하고 있었기 때문이다. 창덕궁 역시 이 천원지방 사상을 곳곳에 적용했다는 것을 쉽게 확인할 수 있다.

　신과 같은 존재인 임금이 하늘을 뜻한다고 여겨 임금을 원으로 나타내고, 땅이 신하와 백성을 뜻한다고 생각하여 사각형으로 나타내어 임금이 일상생활을 하고 통치생활을 한 공간인 인정전, 선정전, 대조전의 기둥을 모두 원기둥을 사용하는가 하면, 인정전을 둘러싸고 있는 행각에도 초석은 사각형이지만 기둥은 원기둥으로 배치했다.

천원지방 사상은 후원의 연못과 정자에도 적용되어 있다. 경복궁 경회루 연못과 비슷한 역할을 했던 부용지는 가로 29.4m, 세로 34.5m이며, 네모난 연못 가운데에 둥근 섬이 있다. 이는 '천원지방'의 전통적인 우주관을 구현한 전형적인 한국 정원의 연못 형태이다.

사각형 형태의 부용지와 둥근섬.

낙선재의 후원에 있는 상량전과 창덕궁 후원의 존덕정은 평면이 정육각형으로 되어 있는 정자이다. 이 육각형 평면은 주로 정자에서 볼 수 있으며 경복궁의 향원정도 육각형 평면을 하고 있다.

낙선재 상량전.

창덕궁 후원의 존덕정.

경복궁 향원정.

이 중에서도 낙선재 상량전은 2중의 육각형 기단과 6개의 기다란 육각기둥 초석으로 되어 있다. 하물며 기둥마저도 육각기둥으로 되어 있으며 정자 내부의 천장에서 볼 수 있는 반자도 육각형으로 구성되어 있다.

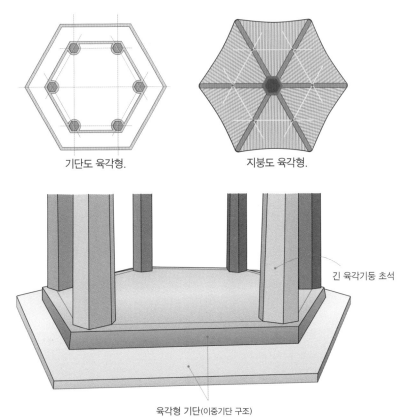

기단도 육각형.

지붕도 육각형.

긴 육각기둥 초석

육각형 기단(이중기단 구조)

27

창덕궁 후원에서는 여러 가지 도형을 결합하여 구현한 건물도 찾아볼 수 있다. 바로 **청의정**이라는 정자가 그렇다. 청의정의 마루 평면은 정사각형으로 되어 있는 반면, 천장은 정사각형으로 출발하여 정팔각형으로 바꾸어 도리를 구성한 다음 지붕은 원형으로 만들어져 있다.

청의정.

사각형과 원형을 배치하고 그 사이에 팔각형을 배치한 것은 천원지방 사상을 적용한 것으로 보인다. 사각형은 땅, 원형은 하늘, 그 사이의 팔각형은 인간을 상징한다. 따라서 청의정은 하늘과 땅, 사람의 천지인의 삼재 즉 전통적인 우주관을 반영하여 설계한 것으로 보인다. 또 64개의 서까래는 주역의 64괘를 의미한다.

청의정.

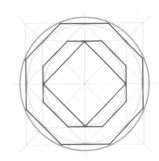

그렇다면 이들 도형, 원, 사각형, 육각형, 팔각형 등은 어떻게 그렸을까?

동양에서 도형을 그리는 기술을 규구술이라 부른다. 규는 원을 그리는 도구인 그레자를 말하며, 구는 직각을 그리는 도구인 곱자(직각자)를 의미한다.

곱자.

옛날의 작도법은 각도를 사용해 도형을 그리는 오늘날의 작도법과 차이가 있다. 정다각형은 모두 원과의 관계 속에서 그레자와 곱자를 이용하여 그린다. 이 방법을 사용하면 각도기를 사용하지 않고도 다양한

그레자.

도형을 작도할 수 있다. 우리나라에서는 이미 고대부터 육각형과 팔각형은 물론, 칠각형과 구각형, 십이각형, 십구각형 등 다양한 다각형을 작도해서 건물에 사용한 것으로 알려져 있다.

# 다각형 작도하기

## 원에 내접하는 정육각형 작도하기

## 원에 내접하는 정사각형과 정팔각형 작도하기

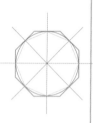

## 원에 내접하는 칠각형 작도하기

## 인정전 영역의 기하학적 공간구성

창덕궁을 다루면서 인정전 영역을 빼놓고 이야기할 수는 없다. 창덕궁의 가장 중요하면서도 대표적인 공간이기 때문이다.

인정전은 경복궁의 근정전 못지않게 늠름한 기상을 보여준다. 한 풍수가가 인정전을 가리켜 백두대간에서 뻗어 내린 매화 줄기의 맨 끝가지에 맺힌 꽃망울 같은 형상이라고 했다고 한다.

태종 5년(1804년)에 지어진 인정전은 결혼식, 즉위식 등 국가의 중요 행사가 행해진 곳으로 사극에서도 종종 등장하는 장소다. 지금의 인정전은 전소된 후 다시 세워진 것이다.

인정전은 2단 월대 위에 웅장한 중층 전각으로 세워져 주변의 다른 건물에 비해 크긴 하지만 그렇다고 해서 다른 건물을 압도하지는 않는다. 인정전이 선정전이나 희정당, 대조전에 비해 두드러져 보이는 것은 단지 2층이라는 점뿐이다. 월대의 높이가 낮고 난간도 없어 근정전보다 소박한 느낌을 주면서도 더없이 인자해 보인다.

경복궁에서 자주 발견되는 비율인 $\sqrt{2}$ 는 창덕궁에서도 쉽게 발견할 수 있다. 인정전 영역의 배치도를 살펴보면 인정전의 각 부분이 근정전의 비율과 매우 유사한 방법으로 설계되어 있는 것을 확인할 수 있다. 하월대와 접하고 있는 앞마당 영역은 정사각형으로 되어 있다(②). 이 정사각형 ABCD의 대각선 BD를 반지름으로 하는 호를 그리면 인정전 기단의 가로선의 연장선과 점 E에서 만나게 된다(③).

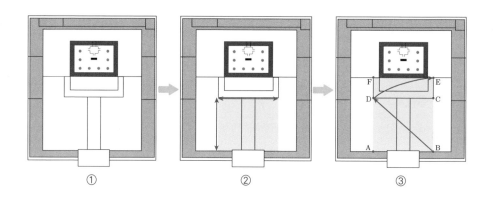

①　　②　　③

또 선분 AC를 반지름으로 하는 호를 그리면 점 F에서 만나게 됨을 확인할 수 있다(④). 추측컨대 인정전 기단의 위치를 이 비율 $\sqrt{2}$ 를 이용하여 정한 것으로 여겨진다. 행각의 위치 또한 두 대각선 AC와 BD의 연장선과 선분 EF의 연장선이 만나는 지점으로 설계했을 것이라 추측해 볼 수 있다(⑤, ⑥).

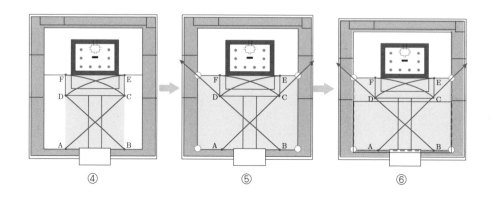

④　　⑤　　⑥

인정전 본 건물의 위치 및 크기는 인정전 앞 상월대 직사각형 PQRS의 두 대각선을 반지름으로 하는 호를 그려 정한 것으로 여겨진다(⑦, ⑧).

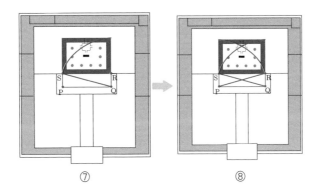

⑦        ⑧

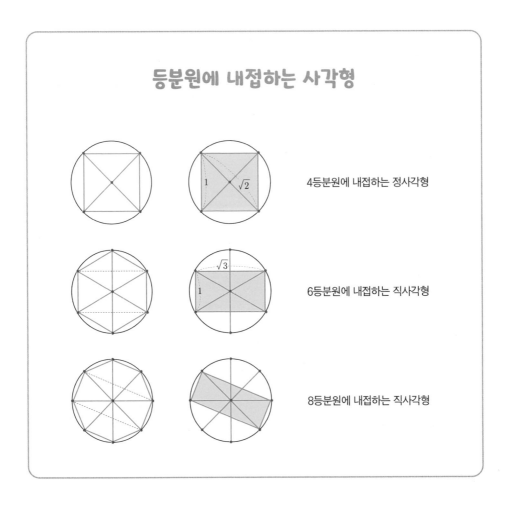

# 등분원에 내접하는 사각형

4등분원에 내접하는 정사각형

6등분원에 내접하는 직사각형

8등분원에 내접하는 직사각형

또 인정전의 평면도를 살펴보면 모서리 기둥들이 동심원을 이루는 두 개의 6등분원에 내접하는 세로와 가로의 비가 $1:\sqrt{3}$ 인 직사각형을 이루는 것을 알 수 있다. 이것으로 보아 인정전에는 $\sqrt{2}$ 와 $\sqrt{3}$ 의 비례가 적용된 것으로 짐작된다.

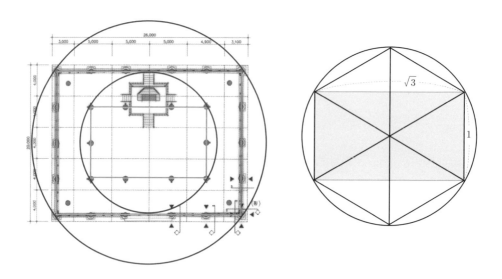

인정전 내부는 또 다른 궁의 정전과 전혀 다른 모습을 하고 있다. 천장에는 샹들리에가 달려 있고, 창문에는 커튼이 처져 있다. 이는 1908년 조선의 마지막 왕인 순종이 즉위 후 서양식으로 수리를 했기 때문이다. 그런데 수리를 일제가 맡으면서 유리창, 커튼, 샹들리에가 설치되고, 바닥도 전돌을 걷어내고 일본식 나무마루를 깔았다.

왕의 집무실인 선정전은 지붕이 특색 있다. 현재 궁궐에 남아 있는 건물 중 유일하게 반짝거리는 청색 기와를 얹고 있다. 때문에 '조선의 청와대'라 불리기도 한다. 원래 청기와를 덮은 건물이 몇 채 있었으나 현재는 이곳만이 남아있다. 청기와를 공통으로 얹은 오늘날의 청와대와 마찬가지로 선정전은 오랫동안

편전으로 이용되며 나랏일을 펼치고 논의하는 현장이었다.

선정전 바로 옆은 침전인 희정당이다. 1917년 화재로 소실된 것을 1920년 경복궁 강녕전을 뜯어서 복구했다. 지금 모습은 화재 전 희정당이나 강녕전의 모습과는 다르다고 한다. 내부는 역시 카펫, 유리 창문, 샹들리에가 설치된 서양식이다.

희정당 뒤편은 왕비의 생활 공간인 대조전이다. 대조전 부속건물인 흥복헌은 1910년 마지막 어전회의를 열어 경술국치가 결정된 현장이다.

창덕궁은 조선 왕조와 가장 오랜 시간을 함께했지만, 함께한 역사가 긴 만큼 왕조의 아픔이 서린 곳이기도 하다.


## 후원은 각양각색의 정자 박물관

이제 전각을 뒤로 하고 창덕궁에서 가장 넓은 공간을 차지하고 있는 후원을 향해 발걸음을 옮겨보자.

조선시대 모든 궁궐에는 임금과 왕가만을 위한 공간인 후원이 있었지만, 현재 그 흔적이 남아 있는 곳은 창덕궁이 유일하다. 경복궁 후원 자리에는 청와대가 들어서 있고, 덕수궁의 후원 자리에는 서울광장이 위치하고 있다.

창덕궁의 후원은 창덕궁의 일부답게 지형은 물론 돌, 나무 하나 사람의 손을 대지 않고 그대로 둠으로써 자연과의 조화를 가장 중시하였다. 후원은 아름다운 옛 모습 그대로 보존되어 있어 이곳이 어떻게 조선시대 임금들의 안식처가 될 수 있었는지를 어느 정도 느낄 수 있다. 또 자동차들이 8차선 도로 가득 복작대며 달리는 이 거대한 도시에서 순식간에 시간여행이라도 한 듯 별천지같은 고즈넉한 숲을 거닐 수 있는 곳이기도 하다.

후원은 왕가의 휴식처이지만 시를 짓기도 하고 과거행사를 비롯한 갖가지 야외행사가 열린 곳이기도 하다. 조선 초기에는 왕이 참관하는 군사 훈련이 자주 실시되기도 하였으며 낚시나 화약을 이용한 불꽃놀이, 여러 잔치가 열리기도 했다. 또한 왕은 이곳에 곡식을 심어 농사를 체험하고, 왕비는 양잠을 직접 시행하는 친잠행사를 열기도 했다.

창경궁과 공동으로 사용하는 이 후원은 보통 4개의 정원 영역으로 구분되며, 각 영역마다 독특한 특징을 갖고 있다. 부용지, 애련지, 관람지, 옥류천이 속해 있는 각 정원 영역에는 자연의 지형을 그대로 살리면서도 아름다운 정자들이 세워져 있다. 부용정, 애련정, 관람정 등 가히 정자박물관이라 부를 정도로 다양한 모습의 정자들이 즐비하다.

각 정자에서 조선의 왕들은 빡빡한 일정을 뒤로 하고 잠시 쉬어가거나 연회를 베풀기도 했다. 그래서 이들 정자는 더욱 특별해야 했다. 주변 풍경과 어울리되 디자인이 톡톡 튀어야 하며, 세련되고 우아하면서도 편안함을 갖도록 하는 정자들을 설계했을 것이다.

현재 후원 관람은 동쪽에 위치한 후원 일대만 가능하고, 서쪽에 있는 신선원전 일대는 문화재 보호차원에서 금지되어 있다. 후원 관람을 위해서는 입장권을 별도로 사야 하며 안내원을 따라 시간대별로 100명씩 인원제한이 있다.

자~그럼 지금부터 뒷짐지고 왕의 걸음으로 후원을 거닐며, 자연에 어울려 각자의 독특한 멋을 발산하고 있는 정자들을 만나보기로 하자

# 건물명으로 건물을 구분할 수 있어요

한자로 단순히 집이라 하면 집 가(家)자를 떠올리기 마련이지만 우리나라 전통 건물들은 제각각 그 용도나 의미에 따라 아래와 같이 여러 가지 이름으로 불렸다.

격이 높아진다 (모두 집, 방, 문 등을 의미함)

←

## 전 > 당 > 합 > 각 > 재 > 헌 > 루 > 정
### 殿　堂　閤　閣　齋　軒　樓　亭

---

**전**(殿)

인정전, 근정전, 강령전, 대조전, 교태전, 무량수전, 대웅전 등

건물 중 가장 격이 높은 건물이다. 왕이나 왕비 또는 왕대비 등 궐 안의 웃어른이 사용하는 건물에 붙는다. 또한 사찰에서는 부처님 등을 모시는 곳을 일컫는다.

---

**당**(堂)

희정당, 영화당, 연경당 등

전(殿)에 비해 규모는 비슷하나 격은 한 단계 낮은 건물이다. 전이 공식적 성격을 갖는 반면, 당은 좀더 사적인 건물에 쓰인다. 주로 궁궐 안에서 관리들이 정사를 돌보던 곳에 '당'이란 명칭을 사용했으며, 양반가에서는 공적이 뛰어난 정승급 인물들이 명예퇴직 후 낙향하면 고향집에 사용하라고 임금이 하사하였다.

---

**합**(閤)

곤령합

모두 그러한 것은 아니나 전(殿)과 당(堂)의 부속건물이나 혹은 그것을 보위하는 건물이다.

| | |
|---|---|
| 각(閣) | 규장각, 보신각, 종각 등 |
| | 합과 비슷하나 주로 많이 쓰인 곳은 널리 소식이나 배움을 알리는 용도의 건물에 쓰였다. 보신각은 날이 바뀌고 해가 바뀌는 것을 알리고, 규장각은 배움을 알리는 곳이었다. |
| 재(齋) | 낙성재 등 |
| | 재와 헌 모두 왕실의 주요인물보다는 왕실 가족이나 궁궐에서 활동하는 사람들이 주로 사용하는 건물에 붙여지는 데 재(齋)는 주로 일상적 주거용으로 격조 있는 살림 집을 의미한다. |
| 헌(軒) | 구성헌, 동헌 등 |
| | 재와 비슷하나 헌(軒)은 공무적 기능을 가진 경우가 많다. 지방 관아의 명칭으로 많이 쓰인다. |
| 루(樓) | 주합루, 경회루, 촉석루 등 |
| | 바닥이 지면에서 사람 한길 높이 정도의 마루로 되어 있는 집이다. 주로 손님을 접대하는 곳으로 쓰인다. |
| 정(亭) | 부용정, 애련정, 관람정, 향원정 등 |
| | 흔히 정자이며, 휴식이나 연회공간으로 활용된다. 원래는 사색을 하는 곳이란 의미이다. |

## 십자형 정자 부용정

후원에 들어서면 가장 먼저 만나는 곳이 첫 번째 중심정원인 부용지다. 부용지 권역은 해외에서 **한국식 정원의 전형**이라고 알려진 곳이다.

1천m² 넓이의 사각형 연못과 둥근 섬은 '하늘은 둥글고 땅은 네모나다'는 천원지방 사상을 반영하여 조성되었다. 연못 한쪽에 주변 풍경을 감상하기 좋은 연꽃 모양을 한 정자인 부용정이 있고 맞은편 언덕에는 규장각과 주합루의 중층 누각이 서 있다.

중층 누각의 경우 아래층을 각閣, 위층을 루樓라 하기에 아래층의 왕실 직속 도서관을 규장각, 위층의 열람실 겸 누마루를 주합루라고 한다. 요즘에는 이 건물 전체를 주합루라고 부르기도 한다.

주합루는 1776년 정조가 즉위한 해에 완성한 건물이다. 규장奎章은 임금의 글을 지칭하는 것으로 규장각은 임금의 어제, 어필 등을 보관하는 서고이며, 주합宙合은 '우주宇宙와 합일合一한다'는 뜻으로 주합루는 자연의 이치에 따라 국가를 다스리고자 했던 정조의 의지를 담은 건물이라 할 수 있다. 아름다운 정원에 걸맞은 의미 있는 건물임에 틀림없다.

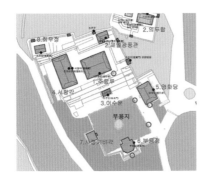

부용지와 주합루.

이 정원에 있는 건물 중 가장 화사한 것은 바로 부용정이다. 이 아름다운 정자를 가장 사랑했던 주인은 정조 임금이었다. 정조는 이 정자에서 궁궐의 정취를 즐기고 신하들과 시를 짓고 잔치를 열었으며 정자 앞 연못에 배를 띄우고 사랑스러운 부용정을 감상했다.

부용정.

부용지는 규모가 큰 편은 아니지만 창덕궁 후원에서는 제일 큰 연못으로 원래는 국왕을 비롯한 왕실 가족들의 휴식공간으로 조성되었다. 하지만 임진왜란 때 경복궁이 불타버린 후 창덕궁과 창경궁이 동궐로 법궁 역할을 하면서 국왕이 주최하는 연회를 비롯한 공식 행사를 할 수 있는 경복궁 경회루 영역과 비슷한 기능을 했던 것으로 보인다.

부용정과 부용지 일대는 한국의 전통 정원 가운데 그 경치가 매우 뛰어난 곳으로, 18세기 이후 궁궐 후원의 백미로 손꼽힌다. 밖에서 볼 때 부용지와 부용정 일대가 한 폭의 그림과도 같지만, 부용정 안에 앉아 창문을 활짝 열면 부용지 일대의 자연풍광이 병풍처럼 펼쳐지며 부용정 안으로 들어오는 모습이 장관을 이루기 때문이다.

관아 건물이라 할 수 있는 주합루와 공식 연회가 열렸던 영화당과는 달리 부용정은 국왕 개인을 위한 공간으로 만들어졌다.

〈궁궐지〉에 따르면 부용정은 숙종 33년(1707)에 건립되었다. 당시의 이름은 택수재澤水齋였으나, 정조 16년(1792)에 현재의 부용정으로 이름을 바꾸었다고 한다. 〈조선 왕조실록〉에 의하면 정조 19년(1795)에 정조 임금이 이곳 부용정에 대신들과 그 가족들을 초청해 시를 읊고, 주연을 베풀면서 낚시를 즐겼다는 기록이 보인다.

　두 다리를 부용지에 담그고 있는 부용정은 사방으로 지붕이 돌출된 열십자(十)자 형태의 독특한 모양을 하고 있다. 1792년 건립된 부용정은 十(십)자형을 기본으로 하되, 남쪽으로 양쪽에 한 칸씩 보태 다각을 이루고 있는 독특한 형태의 정자이다.

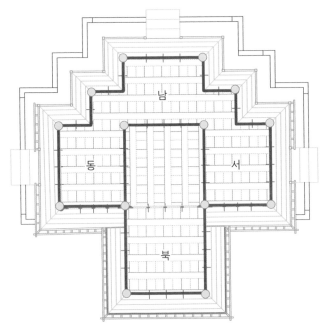

부용정 마루 평면도(보수 후)

부용정 마루 평면도를 살펴보면 같은 크기의 두 개의 6등분원이 반지름만큼 중첩된 상황에서 각 6등분원에 내접하는 사각형을 이용하여 구성했음을 짐작할 수 있다.

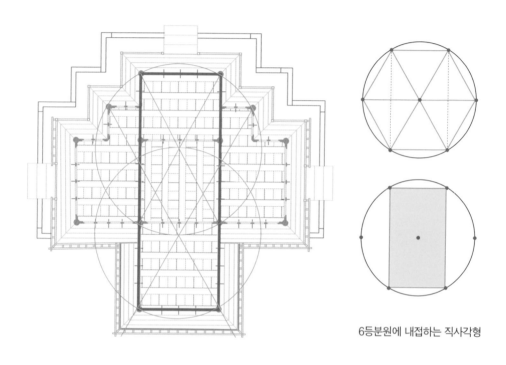

6등분원에 내접하는 직사각형

부용정 내부는 모두 마루로 되어 있으며, 부용지에 두 발을 담고 있는 형상으로 누마루를 뽑았다.

이곳의 마루가 제일 높게 조성되어 있어, 아마도 왕이 여기에 앉았을 것으로 추정된다.

## 연꽃 정자 애련정

두 번째 정원은 **애련지**다. 연
꽃을 좋아한 숙종이 1692년 연
못 가운데 섬을 쌓고 정자를
지었다고 하는데 지금 섬은 볼
수 없고 정자는 연못 북쪽 끝
에 서 있다.

숙종은 '내 연꽃을 사랑함은
더러운 곳에 처하여도 맑고 깨
끗하여 은연히 군자의 덕을 지

애련정.

녔기 때문이다'라며 '애련'이란 이름을 붙였다고 한다.

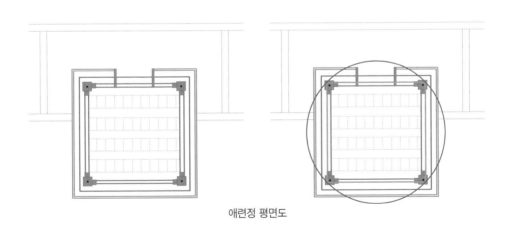

애련정 평면도

4등분원에 내접하는 정사각형은 정자 건축의 평면에서 많이 나타나는 것으
로 애련지의 애련정의 평면 역시 이 형식을 따르고 있다.

## 육각형 정자 존덕정과 부채꼴 모양 정자 관람정

애련지 북쪽에는 곡선 형태의 연못 둘레로 **존덕정**, **관람정**, **폄우사**, **승재정**의 네 가지 형태의 정자가 있다.

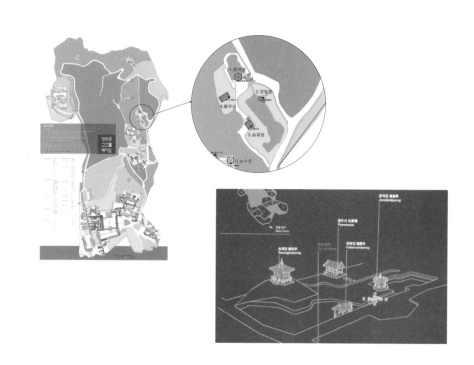

연못 존덕지에 있는 **존덕정**<sup>尊德亭</sup>은 이중지붕의 육각형 형태를 하고 있다. 부용정 다음으로 디자인이 특별하고 독특한 정자인 존덕정은 2겹으로 지은 지붕이 왕실의 품격을 제대

존덕정.

로 보여주는 것만 같다. 마치 작정이라도 하고 지은 것처럼 말이다.

　국내 정자가 대체로 마루 평면이 4각형이나 8각형인데 반해 존덕정은 6각형
으로 육면정인 셈이다.

존덕정.

　정자의 마루는 내부 칸과 퇴칸이 따로 구분되어 있다. 내부 칸은 위계가 높
은 권위를 나타내는 공간으로 난간이 둘러쳐 있으며, 퇴칸 아무 데서나 드나들
수 있는 것이 아니라 내부 칸으로 가기 위해서는 군데군데 있는 개구부를 통해
들어갈 수 있도록 되어 있다. 즉 퇴칸은 내부 칸을 빙 두르고 있는 복도와 같은
개념으로 볼 수 있다.

　천장 또한 외형만큼이나 독특하면서도 아름답게 꾸며 놓았다. 겹지붕으로 되
어 있는 지붕은 내부 칸 윗부분만 천장을 해 놓았다. 그것은 아마도 추녀와 서
까래의 뒷뿌리들이 복잡하게 모여 있는 것을 가리기 위해서였으리라. 화려한
단청 치장을 하고, 중앙에는 쌍룡이 여의주를 갖고 노는 그림을 그려넣어 왕권
의 지엄함과 왕실 건물임을 보여준다.

바깥쪽의 퇴칸은 연등천장으로 두고, 안에 있는 칸에는 보개천장*을 둠으로써 내부공간의 권위를 표현함과 동시에 복잡한 상부구조를 가려주는 역할을 하게 되니 말이다.

보개천장.

지붕과 더불어 기둥 모양도 남다르다. 안쪽에 세운 6개의 굵은 기둥 외에 바깥쪽 육각형의 각 꼭짓점 부분에 가는 기둥을 3개씩 세워 모두 18개의 기둥을 세웠다.

마루 평면도를 살펴보면 다음쪽 그림과 같이 안쪽 기둥(내진주)과 바깥쪽 기둥(외진주)은 모두 동심원을 이루는 두 개의 6등분원에 내접하는 육각형의 꼭짓점에 위치하고 있다.

이들 내진주와 외진주의 위치는 천

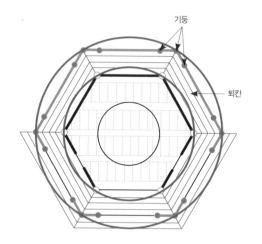

장의 구조를 이용해서도 설명이 가능하다. 다음 그림의 천장 구조도에서 가장 안쪽에 그려진 원의 반지름만큼씩 그 길이를 늘려 그린 2개의 동심원에 대하여, 이 두 동심원에 각각 내접하는 정육각형의 꼭짓점에 기둥들이 위치하고 있음을 알 수 있다.

---

* 보개천장 - 궁궐 정전에서 임금이 앉는 어좌 위나 불건에서 부처님 머리 이 정도에만 설치되는 특별한 천장이다. 일반적으로 우물천장 일부를 감실을 만들 듯 높이고 여기에 모형을 만들 듯 작은 첨차를 화려하게 짜 올려 장식한 다음 가운데는 용이나 봉황을 그리거나 조각해 장식한다.

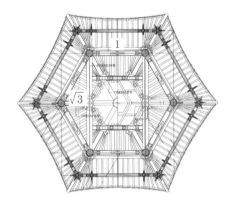
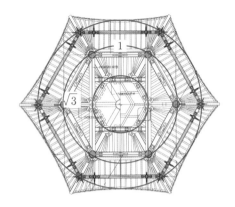

　무엇보다도 천장의 내부가구를 살펴보면 얼마나 기하학적으로 정교하게 구성했는지를 알 수 있다. 그중에서도 천장 구에서 대들보가 이루는 도형은 가로:세로의 길이의 비가 $1:\sqrt{3}$ 인 직사각형으로 이것은 정육각형에 내접하는 직사각형이 제작되었다는 증거가 될 수 있다. 이때 세 정육각형 중 가장 안쪽의 육각형은 위의 가장 작은 원에 내접하고 있다.

　존덕정 옆에는 한반도 모양을 닮은 연못 반도지 위에 **관람정**観纜亭이 있다. 관람정은 부채꼴 모양의 지붕을 갖고 있는 우리나라 유일의 정자다. 정통적인 정자 디자인과 다른 파격적인 디자인이 얼마나 색다른 맛을 느끼게 하는지를 보여주는 건물

로, 연못가에 마치 나비 한 마리가 내려앉은 듯 살포시 들어선 모습은 부용정 못지 않은 풍경을 만들어낸다.

관람정의 '관람觀纜'은 닻줄, 즉 '배 띄움을 구경한다'는 것을 뜻한다. 관람정은 평면이 부채꼴 모양이라는 것을 비롯하여 건축적이기보다 공예적인 수법을 많이 구사한 정자로서 창덕궁에서 가장 아름다운 곳중 하나로 손꼽힌다. 또 다른 재미로는 현판이 일반 궁궐에서 흔히 볼 수 있는 준엄한 느낌의 직사각형 현판이 아닌, 틀을 깬 파격적인 파초 잎 모양의 녹색 현판에 정자 이름이 적혀 있다는 것이다.

820년경에 제작된 동궐도에는 관람정이나 반도지는 없고 둥근 연못 하나와 네모난 연못 둘이 나란히 표현되어 있지만 순종 때 그려진 〈동궐도형〉에는 호리병 모양으로 합쳐진 연못이 있는 것으로 표현되어 있다. 이것으로 보아 추측건대 일제강

점기에 한반도 모양으로 바꾸고 반도지라고 불렀으며, 관람정은 고종 또는 순종 재위 때 건립된 것으로 보인다.

우리나라의 전통건축에서는 곡선을 구성하는 건축기법을 쉽게 찾아볼 수 없다. 창덕궁의 관람정은 곡형의 건축부재로 곡선을 구성하는 거의 유일한 사례이다. 관람정의 평면도를 살펴보면 두 개의 원이 반지름만큼 중첩된 부분에서 설계되었음을 짐작할 수 있다.

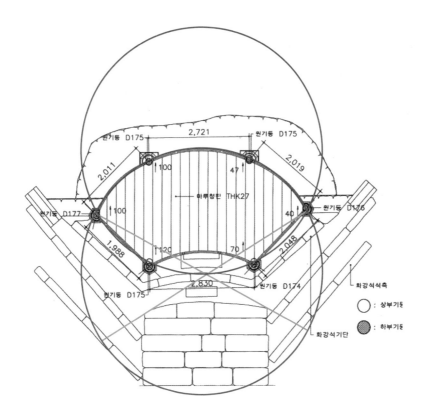

관람정 바로 위쪽에는 **승재정**이 있다. 승재정은 임금님이 타고 다니는 가마인 연을 떠올리게 하는 정자로 그 규모가 작다. 관람정처럼 디자인 특면에서 독특해 보이지 않기 때문에 흔히 봐온 평범한 정자들처럼 생각할 수 있지만 귀엽고 예쁜 수공예품을 만들 듯 정성껏 꾸며져 있어 지나치지 않고 꼭 들러 살펴보기를 권장한다.

승재정.

## 옥류천에 자리잡은 소요정, 청의정, 태극정

존덕정에서 조금 더 위로 거슬러 올라가면 창덕궁 후원에서도 가장 깊숙하고 가장 그윽한 공간인 옥류천 일대로 접어든다.

존덕정 북쪽은 후원에서 가장 깊은 골짜기인 **옥류천**이다. 인조 14년(1636) 거대한 바위인 소요암을 깎아내고 그 위에 홈을 파서 물길을 끌어들이고 작은 폭포를 만들었다. 바위에는 '玉流川'이라 새긴 인조의 친필이 남아 있다. 지금은 궁궐 인근에 현대식 건물이 들어서며 물길이 끊겨 폭포수가 떨어져 내리는 광경을 볼 수 없는 것이 흠이다.

이 옥류천이 흐르는 곳에는 소요정逍遙亭, 청의정淸漪亭, 태극정太極亭으로 불리는 세 개의 정자가 있다. 거리상으로도 궁궐 안팎의 정치에서 가장 멀리 떨어져 있을 뿐더러, 그 풍경이 아주 훌륭해 현실을 벗어나고픈 마음이 들 때 이곳을 찾아 시름을 놓았을 법한 임금들의 모습을 그리기에 안성맞춤이다.

소요정, 태극정, 청의정 이들 세 정자의 평면도를 살펴보면 모두 4등분원에 내접하는 정사각형 평면을 이루고 있음을 알 수 있다.

소요정.

청의정.

태극정.

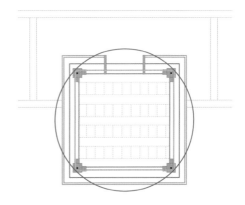

이 중에서 가장 중심에 위치하여 옥류천의 절경을 제대로 즐길 수 있도록 하는 정자는 바로 소요정이다. 정자의 위치와 크기, 형태는 널따란 큰바위와 흐르는 물이 3위 일체를 이루도록 절묘하게 연출되어 있다. 그래서 소요정은 건물만이 아니라 바위까지 정자라고 해도 무관하다. 이곳에서 임금은 술과 음식을 베풀어 잔치를 열고 시를 지으며 휴식을 취했다.

소요정 바로 위엔 두 정자 청의정과 태극정이 짝을 지어 서 있다. 둘 중에서 먼저 눈이 향하는 것은 청의정이다. 그것은 창덕궁에 있는 정자들 중 유일하게 초가지붕을 가진 정자이기 때문이다.

궁궐에 그것도 왕이 쉬는 후원에 왜 이런 초가지붕 정자를 세웠을까?

왕과 왕비가 각각 선농단과 선잠단에서 농사체험 이벤트를 해야 했을 정도로 농사는 조선에서 중요했다. 이에 농업을 장려하는 왕실의 의지를 상징하기 위한 건축물로 특별히 지은 건물이 바로 궁궐 가장 깊은 곳 작은 규모의 논 위에 지은 초가지붕 정자 청의정이다. 때문에 궁궐에 있을 때에도 왕실이 늘 농사에 신경을 쓰는 모습을 보여줄 수 있었다.

청의정의 바닥 평면은 사각인데 지붕으로 올라갈수록 원형으로 바뀐다. 천원지방의 원리를 적용해 만든 정자임을 알 수 있다.

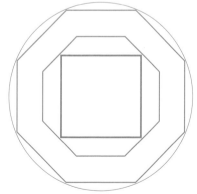

청의정의 천장을 자세히 살펴보면 마루바닥의 평면과 같은 크기의 정사각형에서 시작하여 팔각형으로 바뀐 다음, 지붕은 순차적으로 원형으로 바뀐다.

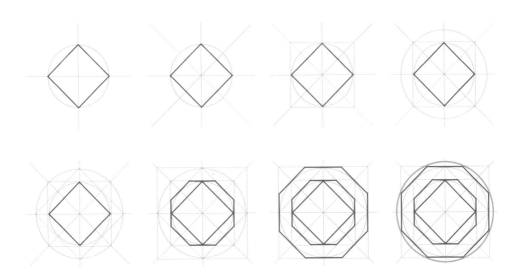

청의정 바로 옆에 있는 **태극정**은 아주 수수하고 평범해 보이지만 뜯어보면 우아하기가 이를 데 없다. 건물 자체로는 그리 독특하지 않지만 정자의 본질적 기능인 풍경 감상 측면에서는 단연 태극정이 최고다. 가장  높은 곳에서 다른 정자들을 굽어보고 있어서 전망하는 맛이 으뜸이다.

지금까지 살펴본 정자들 외에도 창덕궁 내의 많은 정자들을 살펴보면 어느 것 하나 같은 모양이 없다. 서로 다른 모양의 이들 정자는 모두 외양만 독특하고 아름다운 것이 아니라 과하거나 모자란 느낌 없이 본래 그러했던 것처럼 주변과 자연스럽게 어우러지며 편안함과 안정감을 준다. 정자에 올라 바라보는

경치 역시 아름답다. 이것은 정사각형으로 판 연못이나 다른 인공시설물들도 마찬가지다. 눈에 거슬리는 부분을 찾아볼 수 없다.

창덕궁은 한마디로 자연과 전통미가 어우러진 최고의 아름다움을 지닌 곳이라 해도 과언이 아니다. 이것은 세심한 배려와 깊은 고민, 뛰어난 발상과 기술을 바탕으로 구현된 것이다. 한 나라 문화의 최고 수준을 보여주는 것은 궁궐 문화이다. 때문에 창덕궁이 보여주고 있는 건축과 정원은 조선시대 사람들이 갖고 있던 건축적 이상이 구현된 것이라 할 수 있다.

자연과 어우러지며 최고 수준의 전통의 가치를 느끼고픈 생각이 들 때 창덕궁을 둘러보며 갈증을 해소해 보는 것은 어떨까. 아마 갈증을 해소하는 그 이상의 것을 맛보게 될 것이다.

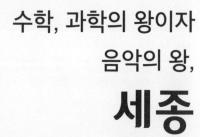

## 제 2 장

수학, 과학의 왕이자
음악의 왕,

# 세종

광화문 광장.

세종대왕역사문화관.

세종대왕역사문화관.

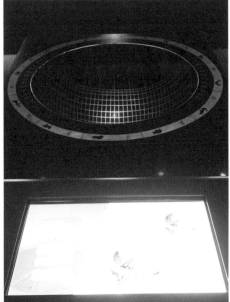

세종대왕역사문화관.

# 세종, 하늘에 묻고 수학, 과학으로 답하다

2019년 12월, 조선의 하늘과 시간을 만들고자 했던 '세종'과 '장영실' 사이의 숨겨진 이야기를 그린 영화 〈천문: 하늘에 묻는다〉가 개봉되었다. 이 영화는 신분 격차를 뛰어넘고 많은 시간을 함께 보내며 조선의 과학 발전에 큰 역할을 했던 조선시대의 두 천재 세종과 장영실의 사이의 관계를 다루었다는 것만으로 화제 거리가 되었지만, 대한민국 최고의 레전드라 할 수 있는 두 배우 최민식과 한석규가 각각 장영실과 세종의 역을 맡아 열연했다는 사실만으로도 많은 사람들의 관심을 모았다.

장영실은 본래 부산 동래현 관청의 노비였으나 타고난 재주가 조정에 알려져 태종의 집권 시기에 발탁되어 자신의 능력을 발휘하기 시작했다. 이런 장영실의 재주를 눈여겨 봐왔던 세종은 즉위 후 정5품 행사직을 하사하며 본격적으로 장영실과 함께 조선만의 하늘과 시간을 측정할 수 있는 천문의기들을 만들며 자신의 꿈을 펼쳐 나갔다. 그런데 세종 24년에 발생한 임금이 타는 가마가 부서지는 사건으로 장영실은 문책을 받으며 곤장 80대형에 처하게 되고, 이후 그

어디에서도 장영실에 대한 기록은 더 이상 찾아볼 수 없게 되었다.

영화 〈천문: 하늘에 묻는다〉는 이러한 실제 역사를 토대로 영화적인 상상력을 동원하여 완성한 '팩션 사극'이다.

그런데 이 영화는 제목이 말하는 것처럼 세종대왕과 정인지, 장영실, 이천 등이 함께 만든 우리나라의 하늘에 맞는 천문의기 제작이나 그 활용에 집중된 영화는 아니다. 주로 조선의 왕 세종과 천한 관노 출생인 장영실의 신분을 초월한 브로맨스 이야기를 다루고 있다.

두 천재 세종과 장영실을 주인공으로 다룬 만큼 화면을 채우고 있는 천문의기들은 두 천재의 수많은 업적을 압축하여 보여준다. 간의, 간의대, 자격루, 앙부일구, 혼상 등 여러 천문의기는 그 형태만을 본 따 대충 만든 것이 아닌, 실제 크기와 거의 같은 크기로 직접 제작해 사용했다고 한다.

허진호 감독은 "천문 관측기구들을 설치하여 천체관측을 하는 간의대는 영화 속에서 가장 큰 건축물로서 한 달 이상의 제작 기간이 필요했다. 굉장히 규모가 큰 간의대를 실제로 세워야 했기 때문에 가장 긴 시간을 들였다"고 말했다. 물시계인 자격루 역시 목조로 직접 제작했으며, 그 과정을 세세하게 담아내 영화 속 색다른 볼거리를 제공하기도 했다.

세종대왕역사문화관.

그런데 영화 제목을 〈천문: 하늘에 묻는다〉로 정한 이유는 무엇일까? 조선 초 많은 천문의기들을 발명한 세종과 장영실의 이야기를 다루었기 때문일까? 그렇다면 제목을 달리 정할 수도 있었을 텐데. 왜 이 제목이었을까?

이 물음에 대한 답을 추정해보기 위해서는 세종 시대의 많은 천문의기들이 제작된 당시의 사회문화적 상황과 천문의기들을 살펴볼 필요가 있다. 두 천재의 브로맨스 이야기보다는 두 천재가 천문의기를 대량 만들어야 했던 당시 사회상황과 관련이 있어 보이니 말이다.

다행스럽게도 이들 천문의기를 전혀 예상치 못한 곳에서 무더기로 볼 수 있는 곳이 있다. 경기도 여주에 있는 세종대왕릉에서다.

세종대왕릉 입구를 지나 안으로 들어서면 세종대왕 때 만들어진 고도와 방위, 낮과 밤의 시간을 정밀하게 측정할 수 있었던 간의와 소간의, 천평일구, 앙부일구, 천평일구 등 당시의 많은 발명품들이 설명과 함께 실물 크기로 전시되어 있다. 이 전시공간은 조선시대 여느 임금들의 릉 앞에서도 찾아볼 수 없는 독특하기 짝이 없는 진풍경을 이루고 있다.

세종대왕릉.

또 서울의 핫플레이스인 광화문 광장의 세종대왕 동상 앞에도 3점의 천문의기인 혼천의, 측우기, 앙부일구가 일렬로 늘어서 있는 것을 볼 수 있다. 이는 세종대왕을 이야기할 때 천문의기를 빼놓고 이야기할 수 없음을 간접적으로 보여주고 있는 것은 아닐까?

광화문 광장.

조선의 4대 임금인 세종(1397~1450)은 태종의 셋째 아들로 태어나 폐위된 양녕대군 대신 왕세자에 책봉되고 두 달 후에 왕위에 올랐다. 세종은 태종이 이룩해 놓은 안정된 왕권을 바탕으로 정치, 경제, 문화, 과학 등 사회전반에 걸쳐 찬란한 문화를 꽃피웠다.

성군이자 최고의 군주였던 세종대왕이 남긴 업적은 이루 말할 수가 없다. 전 세계의 모든 군주를 통틀어 보아도 전혀 손색이 없다. 워낙 슬기롭고 다재다능한 왕이라 나라 안팎을 지키고 백성을 위하는 일을 많이 벌이면서, 무엇보다도 과학과 교육에 각별한 정성을 기울였다.

이제 세종대왕릉 입구의 천문의기 전시공간을 둘러보고 업적을 따라가 보며 수학적 사고력과 과학적 창의력이 빚어낸 당시 과학기술을 탐색하고, 영화 제목을 〈천문 : 하늘에 묻는다〉로 정한 이유에 대해서도 추정해 보기로 하자.


## 조선의 역서를 만들라!


1422년(세종 4년) 1월 1일 창덕궁 인정전 앞. 오늘날 기상청과 같은 기관이었던 서운관의 예보에 따라 세종은 예복을 갖춰 입고 신하들과 함께 일식이 시작되기를 기다리고 있었다. 일식은 달이 해를 가려 해의 일부 또는 전부가 보이지 않는 자연현상을 말한다. 해와 지구 사이에 달

일식.

이 끼어들면서 환한 대낮이 일시적으로 껌껌해지는 것이다.

그 당시 일식은 단순한 자연현상이 아니라 하늘의 명을 받은 왕이 통치를 잘못하여 일어나는 재해로 받아들여졌다. 이에 왕과 신하들은 일식시각을 미리 예측하여 일식이 시작된 후 달에 가려졌던 태양이 다시 나타날 때까지 하늘에 죄를 비는 구식례라는 의식을 거행하게 되어 있었다.

그런데 기다리고 있던 세종과 신하들은 예측한 시각에 구식례를 시작하지 못했다. 일식이 예측한 시각보다 1각(현재의 14.4분)이나 늦게 시작된 탓이다. 세종

실록에 따르면 의식이 끝난 후 세종은 일식 시각을 정확히 예측하지 못한 책임을 물어 담당자 이천봉에게 장형이라는 벌을 내렸다고 한다.

조선시대의 유교에서는 한 국가를 세우고 나라를 통치하는 일 또한 하늘의 명에 따라 이루어진다고 여겼다. 이에 하늘의 변화를 면밀하게 관찰하여 백성들에게 정확한 날짜와 시간 및 절기를 알려주는 것을 제왕의 첫 번째 임무로 받아들였다. 하늘의 운행을 얼마나 잘 읽어내고 파악하는가는 임금이 하늘의 명을 받았는지의 여부를 증명해주는 것이라 여기기도 했다. 일식이나 월식 같은 천문 현상을 예측하여 이에 대응하는 것 역시 임금의 통치의 정당성을 확립하는 데 중요한 요소로 여겼던 것이다.

이에 누구보다도 유교적인 모범 국가를 세우고 싶었던 세종의 입장에서는 일식시간이 예측한 시각에 비해 15분이나 오차가 생긴 것은 용납할 수 없는 일이었다. 2008년 방영된 TV 드라마 '대왕 세종'에서는 이 상황을 두고 세종을 반대하는 신하들이 '하늘이 세종을 거부하는 것'으로 해석하기도 했다.

이토록 중요한 행사에서 1~2분도 아닌 15분에 가까운 시간오차가 생긴 이유는 무엇일까?

그 시간오차는 당시 조선이 중국의 역법을 토대로 우리 하늘을 해석한 데 따른 것이었다.

우리나라는 대대로 중국의 역법을 사용해왔다. 역법이란 달력을 만드는 방법을 말하며, 이 역법에 기초해서 해마다 만드는 달력을 역서라 한다.

역법은 천문학적 지식을 바탕으로 해야 한다. 지구의 자전주기(1일), 공전주기(1년), 달의 삭망주기(음력의 1달)를 정확히 관측해서 알고 있어야 하고, 갖가지 천체 운동에 대해서도 풍부한 지식이 있어야 한다.

그러나 천문학적 지식을 갖추고 있다고 해서 누구나 다 달력을 만들 수 있었던 것은 아니다. 역법을 통해 하늘의 이치를 이 땅에 전달하는 것이므로 하늘의 명을 받은 통치자, 즉 천자<sup>天子</sup>만이 달력을 만들 수 있었다. 하여 동아시아에서는 중국의 황제만이 달력을 만들 수 있었다.

우리나라는 중국인들이 북경 중심으로 발전시켜 완성한 계산방법과 그에 따른 예보 결과를 해마다 얻어다가 쓰는 것이 삼국시대 이래로의 관행이었다. 통일신라 때는 당나라의 선명력을 도입하여 사용했고, 고려 후기 충선왕대부터는 원의 수시력을 사용했다. 조선 초에는 원나라의 수시력과 당나라의 선명력, 명나라의 대통력을 섞어서 썼다. 조선은 해마다 연말이면 중국에 사신을 보내서 중국의 역법 계산 결과인 다음 해의 역서를 받아와 사용했다.

세종 4년에 서운관 관리 이천봉이 일식 시간을 잘못 예측했던 이유가 바로 여기에 있었다. 여러 절기와 일식, 월식 등을 명나라에서 받아온 역서를 바탕으로 예측했는데 명나라의 역서는 북경을 기준으로 만든 것이었다. 따라서 조선에 바로 적용하면 북경과 한양의 위도 및 경도 차이로 인해 오차가 생길 수밖에 없었던 것이다. 결국 서운관 관리 이천봉만 애꿎게 곤장을 맞은 셈이었다.

당시 서운관은 중국이 계산하고 관측한 칠정(七政)의 자료를 바탕으로 달의 위치를 예측했다. 칠정은 7개의 천체, 즉 해와 달, 목성, 화성, 토성, 금성, 수성을 말한다. 세종은 시간오차가 발생한 이유가 서운관이 우리의 하늘을 중국의 천문으로 해석한 데에 있다고 판단하고, 조선의 실정에 맞는 정확한 역서(달력)를 만들라는 명을 내렸다.


## 칠정산내편

1423년 세종은 중국의 선명력, 수시력 등에 이용된 역법의 차이점을 비교연구하는 것으로부터 역서 만들기를 시작했다. 정확한 달력을 만들기 위해서는 이미 사용되고 있던 중국 역법의 원리와 방법을 이해해야 했던 것이다. 명나라는 조선에게 매년 역서를 주기는 하지만, 역서의 제작 원리인 역법을 알려주지는 않았기 때문에, 조선의 입장에서는 정확한 역서를 만들기 위해 우선 역법의 원리를 스스로 깨우칠 필요가 있었다.

그런데 1432년(세종 14)년 7월 1일에 10여 년에 걸친 연구에도 불구하고 또 다시 일식예보에 실패했다. 그러자 세종 임금은 정인지, 정흠지, 정초 등의 학자들에게 명나라의 〈칠정주보〉, 〈대통통궤〉, 〈태양통궤〉, 〈태음통궤〉 등의 역법 서적들을 구해서 수시력법의 원리와 방법을 더 깊이 연구하도록 했다. 이를 바탕으로 세종 26년(1444년)에 수시력법의 원리와 방법을 이해하기 쉽게 해설함은 물론, 한양의 위도와 경도를 기준으로 우리나라 실정에 맞는 역법에 관한 책을 편찬했다. 그것이 바로 **칠정산내편**七政算內篇이다.

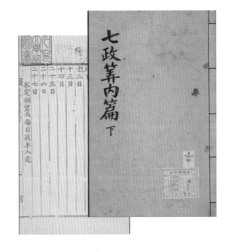

칠정산내편에서 다루고 있는 내용은 주로 한양을 기준으로 한 7개 천체의 운행에 관한 자료이다. 1년의 길이, 1일, 1각 등의 여러 천문상수가 실려 있으며 동지와 하지 후의 일출몰 시각과 밤낮의 길이를 나타낸 표가 실려 있다.

특히 1년의 길이는 365.2475일(365일 5시간 49분 12초)로 하고, 1일은 10,000분分=100각刻, 1각은 100분分으로서 십진법으로 나타냈다. 이 1년의 길이는 오늘날 그레고리 태양력의 365.2564일(365일 5시간 48분 46초)과 매우 근사하다.

한편 원주의 각도는 360°가 아니라 360° 25′ 75″로 계산했다. 이것은 태양이 하늘을 한 바퀴 도는 일수를 그대로 도(°), 분(′), 초(″)로 나타낸 것이다. 1°

는 100′, 1′은 100″로 계산하였으며, 이 또한 십진법으로 나타낸 것이었다.

## 칠정산외편

칠정산내편은 단순한 역서가 아닌 칠정의 운행을 다룸으로써 오늘날의 천체력과 같은 역할을 했는데, 일식과 월식을 계산하고 예측하는 데는 한계가 있었다. 이에 따라 이순지와 김담 등의 학자가 일식과 월식을 예측하는 데 더 정확하다고 알려진 아라비아의 역법, 즉 회회력을 연구하여 1444년에 **칠정산외편**을 출간했다.

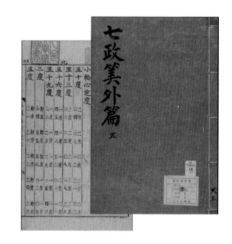

칠정산외편에서는 역일$^{曆日}$을 365일로 한 128태양년에 31윤일을 추가한 시간을 토대로 1태양년의 길이를 365.2421875일(365일 5시간 48분 45초)로 계산했다. 이것은 현대의 기준과 거의 일치한다.

$$\textbf{1태양년} = \{(128 \times 365) + 31\} \div 128$$
$$= 46751 \div 128$$
$$= 365.2421875(일)$$

또 원주를 오늘날처럼 360°, 1°=60′, 1′=60″로 하여 60진법으로 표현했다.

하지만 처음에는 칠정산외편도 부정확했다. 1446년(세종 28년)에도 일식을 예측했지만 일어나지 않았던 것이다.

이후 외편을 보정하여 1년 뒤인 1447년(세종 29년) 음력 8월 1일 오후 4시 50분 27초에 일식이 있을 것이라는 예측을 다시 내놓았다. 세종과 신하들은 예측 당일 마치 중요한 시험의 합격여부를 기다리는 것처럼 숨죽이며 그 결과를 기다렸다.

결과는 성공이었다. 일식의 시작과 끝에서 1분 내외로 시간오차는 약간 있었지만 일식이 거의 정확하게 일어났던 것이다. 예측한 시간에 비해 48초 늦게 시작되어, 1분여 일찍 끝났다.

나아가 이순지와 김담 등은 조선의 수도 한양뿐만 아니라 강화도 마니산, 한라산 등 주요 지점들에 달력 편찬을 책임진 관리들을 파견하여 각 지점의 정확한 북극 고도를 측정하게 했다. 세종 때에 간의, 혼천의 등의 천체 관측 기구가 유난히 많이 만들어진 이유도 바로 이 때문이다.

칠정산내편과 칠정산외편을 편찬함으로써 조선은 이제 정확한 역서를 만들 수 있는 자체적인 역량을 갖추게 되었다. 물론 명나라와의 사대 관계 때문에 여전히 동지사를 파견하여 명나라 역서를 매년 받아오긴 했지만, 이와 별도로 조선의 서운관에서도 매년 역서를 발간하여 한 해의 달력으로 사용한 것이다. 즉 칠정산의 완성은 역법 분야에서 중국에 더 이상 의존하지 않고 독립할 수 있는 발판을 마련한 것이었다.

칠정산내편이 중국의 전통적인 천문 계산방법을 조선의 실정에 맞게 정리한 것이라면, 칠정산외편은 당시 가장 수준 높은 기술인 아랍 천문학을 흡수하려는 노력이었다고 할 수 있다. 중국이 받아들여 적용하고 있던 아랍 천문학 계산법을 한양 기준으로 변용하여 그 방법으로 한양에서의 천체운동에 대한 계산을 하게 된 것이다.

그때까지 전 세계에서 자국을 기준으로 일식과 월식을 정확하게 예보할 수 있는 체계를 갖춘 나라는 중국과 아랍뿐이었다. 이것은 곧 조선이 칠정산 내외편을 완성함으로써 세계에서 세 번째로 천문학 체계를 독자적으로 갖춘 나라가 되었다는 것을 의미한다.

## 천문의기 제작 프로젝트

조선의 국정 이념이 유학이었던 까닭에 세종대왕은 천문역법에 관한 업무를 최우선의 일로 삼고, 조선의 독자적 역법체계를 완성하기 위해 **천문의기**天文儀器 제작사업을 펼쳤다. 천문의기는 하늘의 천문현상(천체현상과 기상현상)을 관측하고 시간과 절기를 측정하는 기계장비를 통칭하는 말이다. 천체 관측기구와 시간 측정기구, 기상 관측기구가 모두 여기에 해당한다.

조선시대에 천체 관측기구를 사용하여 하늘의 운행을 관측한 대표적인 천문대로 세종 때 건립된 간의대와 관천대를 들 수 있다. 간의는 천체를 관측할 때 사용하는 천문의기로 천문대의 필수 구성품 가운데 하나였다. 간의대는 바로 간의에서 유래한 명칭이었다. 관천대 위에는 소간의를 설치하여 관측활동을 했기 때문에 소간의대라고도 했다.

천문대의 축조는 단순히 건축물을 세우는 데 그치는 것이 아니라, 그와 병행해서 천체관측 기구와 시간측정 기구의 제작이 이루어져야 했다. 천체 관측에서 가장 기초적인 사항이 시간에 따른 천체 위치의 파악이기 때문이다. 조선시대 대표적인 천체관측 기구로는 간의, 소간의, 일성정시의, 혼의, 혼상, 규표 등을 들 수 있고, 시간측정 기구로는 앙부일구, 천평일구, 현주일구, 정남일구, 자격루 등을 들 수 있다.

실록에 기록되어 있는 간의대의 규모는 매우 컸다. 경회루 북쪽에 축조된 간의대는 높이 31척(약9.4m), 길이 47척(약14m), 너비 32척(약9.7m)의 석대에 돌난간을 두른 대형 천문대였다.

간의대 주변에는 높이가 대략 12m에 달하는 거대한 규표를 설치하여 종합적이고 체계적인 관측이 가능하도록 했다. 이 거대한 규표로는 무엇을 측정했을까?

### (1) 규표 : 1년의 길이를 측정하고 24절기를 알아내다

오늘날 1년의 길이는 약 365.2422일이다. 조선에서는 1년의 길이를 약 365.25일로 계산하여 사용했다. 600여 년 전, 이렇게 정확한 1년의 길이를 어떻게 알 수 있었을까?

1년의 길이를 측정하고 24절기를 알아낼 수 있었던 것은 '규표'라는 측정기기가 있어 가능했다.

규표는 수직으로 세운 40척(약 12m) 높이의 동으로 만든 '표表'와 해가 남중할 때 표의 그림

규표.

자의 길이를 재기 위해 수평으로 눕혀 놓은 128척(약39m) 길이의 청석으로 된 '규圭'로 구성되어 있다.

규는 태양이 남중할 때 그림자의 길이를 알 수 있도록 남북으로 설치하였으며, 돌바닥에는 1분分(2.07mm) 간격의 세밀한 눈금을 기본단위로 장丈, 척尺, 촌寸,

분<sup>分</sup>의 눈금을 새겨 놓았다. 또 남북 양쪽에 둥근 못을 만들고 이 2개의 못을 연결하는 1촌 깊이의 수로를 만들어 규면의 수평의 변화를 살피기도 했다.

표는 태양이 남중할 때 그림자가 잘 비춰지도록 수직으로 세운 긴 막대기둥이다. 표의 상단에는 2마리의 용이 가로막대와 같은 횡량의 양 끝을 들고 있다. 이 횡량에도 위에 홈을 파서 물을 넣어 수직으로 높게 세워져 있는 표의 흔들림과 수평을 살펴보도록 하고 있다.

이렇게 규와 표에서 수평의 변화를 살핀 것은 규와 표가 약간만 기울어져도 그림자 길이가 크게 차이가 나기 때문이다. 이것만으로도 1년의 길이와 24절기를 알아내기 위해 얼마나 정밀함을 추구했는지를 알 수 있다.

수직으로 세운 표는 그 높이가 거의 10m에 달한다. 표의 높이가 높을수록 그림자의 길이가 길어져 24절기를 구분하기 쉽기 때문이다. 이에 반해 높이가 높을수록 횡량 그림자가 규면에 비춰질 때 상이 퍼지게 되면서 그림자의 끝이 분명치 않아 정확한 길이를 재기가 쉽지 않다.

그렇다면 정밀함이 필요한 상황에서 표 그림자의 길이를 어떻게 정확히 측정할 수 있었을까?

이 어려움을 해결하기 위해 규의 눈금 부분에 영부라는 이동식 어둠상자를 만들어 사용했다. 경사가 지도록 북쪽이 높고 남쪽이 낮게 설치한 받침대 위에 그림자가 지나가는 길에 바늘구멍을 뚫은 동판을 놓았다. 어둠상자를 남북으로 이동시키며 태양과 횡량, 동판의 바늘구멍이 일직선이 되도록 놓으면 이 직선과 규면이 만나는 바닥에 가로줄이 선명하게 나타나게 된다. 이 가로줄이 바로 영부의 바늘구멍을 통과해 만들어진 횡량의 그림자이다. 이는 바늘구멍사진기의 원리를 이용한 것으로 횡량의 그림자가 위치한 곳의 눈금을 읽으면 된다.

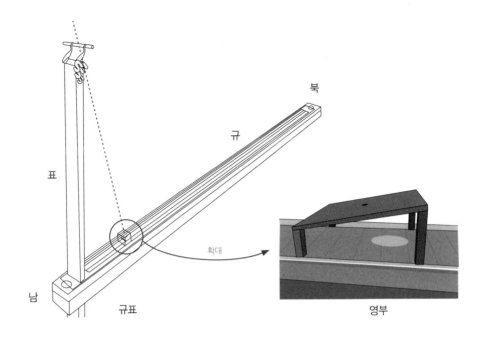

북

규

표

확대

남

규표

영부

매일 정오에 태양이 남중할 때 표 그림자의 길이를 정확히 측정했다. 지구의 자전축이 기울어진데다가 우리나라가 북위 37도 정도에 위치하고 있어 규에 비춰진 표 그림자의 길이는 여름에는 짧고, 겨울에는 길다. 날마다 그날의 길이를 측정하여 가장 긴 때를 동지, 가장 짧은 때를 하지로 정했으며, 두 지점을 연결한 선분의 중점이 춘추분이다.

그림자 길이가 가장 길어진 날(동지날)부터 가장 짧아지다가(하지날) 다시 길어질 때(다음해 동지)까지 날 수를 측정해 보면 365일이 되는 것을 알 수 있다.

그런데 이러한 측정을 매년 반복하게 되면 365일이 아닌 366일이 되는 경우가 발생한다. 수년에서 수십 년 반복해서 1년의 길이를 측정하여 약 365.25일이라는 평균값을 얻게 된 것이다.

이렇듯 1년의 길이를 측정하는 것이 규표의 기본적 역할이었고, 표 그림자 길이로 1년 중에서 24절기의 날짜를 정했다. 이러한 규표의 측정은 오늘날 사용하는 양력을 측정하기 위한 장치였다. 조선시대는 음력 날짜와 더불어 규표를 사용하여 양력 날짜를 함께 사용했다.

규표로 해마다 특히 동짓날 정오에 서울 위치에서의 태양의 고도를 측정하는 일은 당시 서울 기준의 역법을 완성하는 데 필수적인 자료를 제공하는 것이었다. 같은 동지날이라도 정오에 북경과 서울의 태양고도가 서로 다르기 때문이다. 이 값을 알면 그 지점에서의 정확한 천체 운동을 예측할 수 있다. 당연히 이 값은 그 지점에서의 천문계산의 기본상수가 된다.

세종은 이런 기초 자료 수집을 위해 이 규표를 만든 것이 분명하다. 그리고 이런 자료를 바탕으로 세종은 1442년에 이르러 처음으로 서울 기준의 역법 '칠정산'을 완성하게 된다. 규표의 중요성을 짐작할 수 있는 대목이다.

### (2) 간의와 소간의 : 천체의 위치를 측정하고 시간을 알아내다.

천문 관측을 위한 가장 기본적인 장치인 간의는 세종의 명에 의해 제작되었다. 당시에 **천체의 위치를 측정**하기 위해 중국에서 개발한 **간의**가 있었다. 간의는 중국에서 원의 곽수경 (1231~1316)이 처음 개발한 당시의 최신기기였다.

간의는 처음에 나무로 만들었다고 한다. 나무로 만든 간의로 한양의 북극고도를 구하고 이를 바탕으로 각종 천문의기를 제작했다. 1434년 설립된 간의

간의.

대 위에는 청동으로 제작된 간의를 설치했다. 서운관의 관측자들은 간의대 위에 설치한 간의로 매일 밤 천체관측을 수행했다. 간의대는 원대의 곽수경이 세운 간의대에 버금가는 규모를 자랑했다.

간의는 그 전까지 널리 사용된 혼천의의 복잡한 구조를 간소화하여 만든 것이다. 적도좌표계와 지평좌표계를 분리 적용한 것으로서 혼천의의 구조를 크게 개선한 것이었다. 보다 간단하게 개량했다는 뜻에서 간단한 장치란 의미로 간의라는 이름을 붙였다.

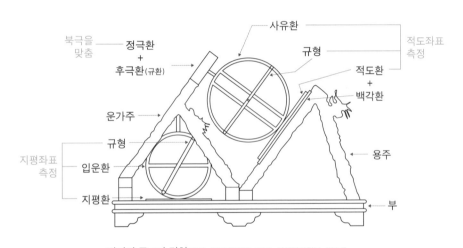

간의의 구조와 명칭(출처: 〈천문을 담은 그릇〉, 한국학술정보, 2014)

천체의 위치를 측정하는 간의에는 두 가지 좌표계가 적용된다. 지평좌표계와 적도좌표계가 그것이다.

먼저 지평좌표계에서 천체의 위치를 나타내는 고도와 방위각은 입운환과 규형, 지평환을 사용하여 측정한다.

입운환은 지평환 위에 수직으로 세워져 회전할 수 있으며, 측면에는 천체를 조준하는 규형이 달려 있다. 입운환에는 지평고도를 측정하는 눈금이 새겨져 있고, 천정天頂과 천저天底의 글자가 표시되어 있다.

지평환에는 24개의 방향이 표시되어 있다.

입운환과 지평환을 이용해 천체의 위치를 파악하기 위해서는 먼저

① 천체를 향해 입운환을 회전시키고

② 입운환에 달린 규형을 움직여 천체를 조준한다.

③ 조준이 완료되면 입운환에서 고도를, 지평환에서 방향(방위)를 읽으면 된다.

## 지평좌표계 horizontal coordinates system

지평좌표계는 하늘을 둘러 싼 가상의 구인 천구상의 천체의 위치를 표현하는 데 쓰이는 좌표계이다.

지평면을 기준으로 고도를 나타내고, 북점(또는 남점)을 기준점으로 지평선을 따라 시계방향으로 방위각을 나타낸다. 고도 대신에 고도의 여각에 해당하는 천정에서 천체까지의 각도, 즉 천정각(천정거리)을 사용하기도 한다.

고도는 0°~90° 사이의 값으로, 방위각은 0°~360° 사이의 값으로 나타낸다.

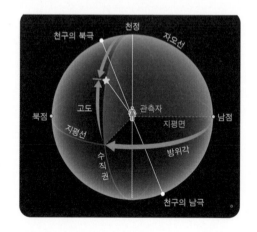

**적도좌표계**에서 천구상의 천체의 위치를 나타내는 적경과 적위는 사유환과 규형, 적도환과 백각환, 2개의 계형을 사용하여 측정하며, 동시에 시간을 측정할 수 있다.

사유환에는 북극에서 남극까지 반주천도수\*가 양방향으로 새겨져 있고, 적도환\*\*에는 28수의 별자리 도수가, 백각환에는 12시 100각 눈금이 새겨져 있다.

사유환과 적도환을 이용하여 천체의 위치를 파악하기 위해서는 먼저

① 천체를 향해 사유환을 회전시키고
② 사유환에 달린 규형을 움직여 천체를 조준한다.
③ 조준이 완료되면 적도좌표계에서 적위의 여각에 해당하는 천구의 북극과 규형 사이의 각도인 북극거리(주천도수)를 사유환에서 읽는다.
④ 또 적도환에 달린 2개의 계형을 사용하여 적도좌표계의 적경에 해당하는 값인 28수의 별 중에서 지금 구하고자 하는 천체의 위치와 가장 가까운 거성까지의 거리를 측정한다.

이것으로 보아 당시에 선조들이 좌표계의 개념을 충분히 인지하고 활용했다는 것을 알 수 있다.

---

\* 주천도수는 태양이 하루 동안 움직이는 적도상의 도수를 1도라 하였을 때 1항성년의 도수를 말한다.

\*\* 28수는 적도와 황도 방향을 28개 구역으로 나눈 것을 말하는데, 28개 권역에는 기준이 되는 28개의 별이 있다.

## 적도좌표계 equatorial coordinates system

천구상의 적도좌표계는 천체의 위치를 나타내기 위해 쓰이는 구면좌표로, 기준이 되는 면은 하늘의 적도면이고, 춘분점을 원점으로 한다.

춘분점에서 천체까지 서쪽에서 동쪽으로(반시계방향) 측정한 각도를 적경이라 하며, 하늘의 적도면에서 천체까지의 각을 적위라 한다.

적경은 $0°$~$360°$의 각도 또는 0h~24h의 시간으로 나타내며, 적위는 북쪽 방향을 양(+)으로, 남쪽 방향을 음(-)으로 하여 $0°$~$±90°$ 사이의 값으로 나타낸다.

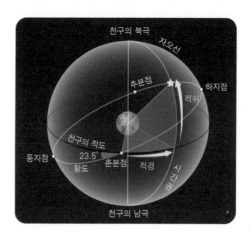

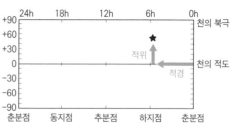

간의에서 북극을 맞출 때는 정극환과 후극환을 이용하며 북극을 지나는 극축이 정극환의 중심과 운가주의 교차점을 지나도록 한다.

이후 간의가 크고 무거운 탓에 불편함을 느낀 세종은 운반이 쉽고 관측이 용이한 의기를 제작하라는 명을 내렸다. 이에 정인지가 이천과 더불어 제작한 것이 바로 **소간의**이다. 즉 소간의는 간의를 이동이 편리하도록 더욱 간단하게 만든 것이다.

소간의는 사유환과 적도환, 백각환, 규형, 기둥, 받침대로 구성되어 있으며, 두 가지 좌표계를 모두 사용할 수 있다.

소간의의 기둥을 수직으로 세워 설치하면 지평좌표인 천체의 고도와 방위각을 관측할 수 있다. 이때 사유환은 입운환의 역할이 되고, 백각환은 지평환의 역할을 한다. 반면 소간의의 기둥을 북극에 맞게 기울여 설치하면 적도좌표인 천체의 적경과 적위에 해당하는 값을 측정할 수 있다.

각 부품의 눈금은 간의의 눈금을 적용하였는데, 사유환에는 주천도수 눈금이 새겨졌으며, 백각환에는 12시와 100각 눈금이, 적도환에는 28수와 주천도수

소간의.

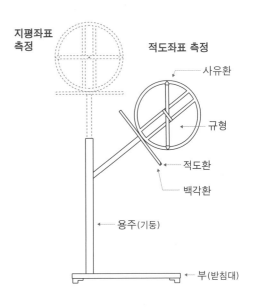

소간의의 **구조와 명칭**(참고: 찬문을 담은 그릇 - 한국학술정보)

눈금을 새겼다.

이들 관측기기에는 시간을 측정할 수 있도록 **백각환이라는 시계부품**이 장착됐다. 백각환은 고정되어 있으며, 주로 낮 시간에 해시계로 사용한다. 하루는 12시와 100각으로 나누어 사용했는데, 규형으로 태양의 위치를 맞추고 백각환의 눈금으로 시간을 알 수 있었다. 지금까지 복원된 소간의가 여주 세종대왕릉(2000)과 대전 한국천문연구원(2009) 등에 전시되고 있다.

간의를 이용한 천문관측은 당시 새롭게 편찬한 칠정산내편, 외편과 함께 조선의 천문학 발전에 큰 역할을 했다. 이를 가능하게 한 것은 아마도 선조들이 상당한 수준의 수학적·천문학적 지식을 갖추고 있었기 때문일 것이다. 당시의 환경을 상상해 볼 때 대단한 일이 아닐 수 없다.

## 조선시대의 시각법

조선시대에는 하루를 12간지에 따라 자시(子時)에서 해시(亥時)까지 12개의 시간 단위로 구분했다. 각각의 시간을 오늘날의 시간으로 환산하면 다음과 같다.

| 자시(子時) | 23시-01시 | 진시(辰時) | 07시-09시 | 신시(申時) | 15시-17시 |
|---|---|---|---|---|---|
| 축시(丑時) | 01시-03시 | 사시(巳時) | 09시-11시 | 유시(酉時) | 17시-19시 |
| 인시(寅時) | 03시-05시 | 오시(吾時) | 11시-13시 | 술시(戌時) | 19시-21시 |
| 묘시(卯時) | 05시-07시 | 미시(未時) | 13시-15시 | 해시(亥時) | 21시-23시 |

그런데 이러한 12시간은 오늘날의 24시간처럼 다시 초(初)와 정(正)으로 나누어 표현했다. 자시는 23시부터 1시까지이므로 자초는 23시~0시, 자정은 0시~1시가 된다.

또한 조선시대에는 하루를 100각으로 계산하기도 했다. 즉 12시간이 100각이므로 1시간은 대략 8.3(=100÷12)각 정도가 된다. 이것을 아래와 같이 12시간을 나타내는 원에 100각을 표현해 보자.

1시간이 대략 8.3각이므로 먼저 1시간에 8각씩을 배분한다. 그럼 모두 96(=8×12)각이 된다. 이제 100각 중 남은 4각을 12시간에 고루 배분해 주면 된다. 이를 위해서는 $\frac{4}{12}$각, 즉 $\frac{1}{3}$각씩을 나누어 주면 된다. 따라서 1 시간은 $8\frac{1}{3}$각이 됨을 알 수 있다.

그런데 12시간을 다시 초와 정으로 나누었기 때문에 $8\frac{1}{3}$을 초와 정에 각각 $4\frac{1}{6}$을 나누어 주어야 한다. 이때 초와 정에 나누어진 4와 $\frac{1}{6}$각은 초각(初刻), 일각(一刻), 이각(二刻), 삼각(三刻), 사각(四刻)이라 불렀다. 초각부터 삼각까지의 값은 각각 1각이며, 사각의 값은 $\frac{1}{6}$ 각이 된다.

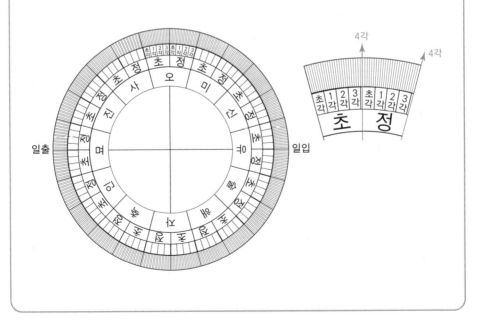

## 시계 제작 프로젝트

조선시대에는 시계왕국이라 부를 수 있을 만큼 그 어느 때보다도 많은 여러 종류의 시계를 만들었다. 지금 우리는 너무나 당연한 듯 시계를 이용해서 시간을 알 수 있다. 하지만 조선시대까지도 시간을 알기 위해서는 자연을 관찰해야 했다. 해와 달과 별의 움직임을 보고 시간을 측정하는가 하면, 물의 낙하량을 일정하게 조정해서 시간을 확인했다. 방법이야 무엇이든 모두 자연에서부터 얻는 것이었기 때문에 이것은 자연현상을 정확하게 파악해야만 가능한 일이었다.

당시만 하더라도 자연현상을 파악하는 능력은 하늘로부터 부여받는다고 생각했으며, 이러한 능력을 부여받은 사람은 오직 왕뿐이라고 여겼다. 왕은 하늘로부터 이러한 임무를 부여받아 하늘을 대신하여 백성들에게 자연의 시간을 내려주는 것이었다. 그래서 자연현상을 관측해서 시간을 얻고 그렇게 해서 얻게 된 시간을 다시 백성들에게 알려주는 것을 왕의 가장 중요한 임무로 여겼다. 이처럼 자연현상을 관찰해서 시간을 얻는 것은 왕의 고유한 업무였기 때문에 조선의 왕들은 모두 천문을 관측하는 일에 열중해야 했다.

시간의 측정은 실제 생활에서도 매우 필요한 업무였다. 나라의 공식 시간을 측정하는 일은 궁궐 안에서 이뤄졌다. 궁궐 안에서 시간을 측정하면 그 시간은 광화문을 거쳐 종로에 있는 종각으로 전달되었고, 종각에서 종을 쳐서 도성 안에 시간을 알렸다. 이렇게 알려진 시간은 다시 4대문으로 전달되었고, 시간에 따라 성문을 열고 닫았다. 계절에 따라 해의 길이가 달라지기 때문에 성문을 열고 닫는 시간도 달랐다. 이렇게 성문을 닫고 여는 것은 도성 사람들의 실생활과 매우 밀접한 관련이 있었다.

한편 시간을 알리는 일은 궁중의 대소사나 국가의례와 관련해서도 매우 중요했다. 관리들의 출퇴근을 관리하고 각종 의식을 거행할 때에도 정확한 시간이 필요했다. 그래서 여러 기구를 활용해서 시간을 측정했다. 시간 측정을 위해 해시계나 물시계가 활용되었고 별시계도 제작되었다.

### (1) 해시계 : 앙부일구

시간을 알려주는 가장 좋은 천체는 태양이다. 따로 가격을 지불할 필요도 없을뿐더러 해가 비출 때면 언제 어디서든 사용할 수 있다.

**해시계**는 해가 비출 때 생긴 그림자의 길이를 재서 시간을 측정하는 기구이다. 사용법이 매우 간단하고 크기도 비교적 작아 조선시대 내내 여러 가지 형태로 제작되어 널리 사용되었다.

당시 백성들에게 시간을 알려주는 것은 국가의 중요한 임무 중 하나였다. 궁궐 안은 물론, 종묘와 혜정교에도 해시계를 설치하여 백성들이 마음껏 시간을 읽을 수 있도록 했다. 이 해시계가 우리나라 최초의 공중용 해시계인 앙부일구(보물 제845호)이다.

앙부일구는 네 개의 발이 달려 있는 오목한 가마솥 모양인데, 네 개의 발은 정확하게 수평을 잡는 역할을 한다. 시계판이 가마솥같이 오목하고, 이 솥이 하늘을 우러르고 있다고 하여 앙부일구라는 이름을 붙였다.

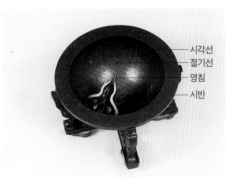

해시계.

앙부일구는 영침과 시반면으로 이루어져 있다. 영침은 해 그림자를 만드는 둥근 송곳 모양의 시곗바늘로 북극을 향해 비스듬하게 꽂는다. 시반면은 해 그림자를 읽을 수 있는 눈금이 새겨진 오목한 반원형의 구를 말한다.

오목해시계라는 별칭으로 불리기도 하는 앙부일구는 시간과 함께 24절기도 확인할 수 있는 다용도 시계였다. 시반면에는 7줄의 세로선과 13줄의 가로선이 그려져 있다. 세로선은 시각을 측정하는 선이고 가로선은 절기를 파악할 수 있는 선이다. 해가 뜬 다음, 시반면에 그려진 절기선과 시각선의 눈금을 읽으면 별도의 계산을 하지 않고도 그때의 시각과 절기를 바로 알 수 있다.

시각선의 눈금은 15분 간격으로 그어져 있고, 묘시(05시)에서 유시(19시)까지 해가 떠 있는 동안의 시간을 표시한다.

시각선은 해가 정남하는 자오선을 중앙에 두고 왼쪽에서 오른쪽으로 2시간씩 눈금을 매기고 매시의 중간 부분에 시의 이름을 적어 놓았다.

절기선은 그림자가 가장 긴 동지선을 가장 바깥쪽에 그렸고, 그림자가 가장 짧은 하지선을 가장 안쪽에 그렸다. 해 그림자가 가장 긴 동짓날부터 시작하여 가장 짧은 하지까지 내려오면 한 해의 반년이 지난 것이고, 다시 맨 아래인 하짓날부터 시작하여 동지까지 올라오면 다시 반년이 지났음을 알려준다.

앙부일구는 하늘 위에서 일정한 주기로 회전하는 태양의 운행을 완벽하게 재현한 기구라고 할 수 있다. 다음 그림의 연주운동 모델을 뒤집으면 침만 없을 뿐 앙부일구와 같은 모양이 된다. 따라서 앙부일구는 천구상의 태양의 운행을 그대로 축소시켜 놓은 것이라 할 수 있다.

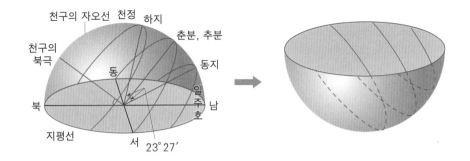

시반면에는 시간의 눈금 아래에 시를 나타내는 12지신의 이름과 12지신을 상징하는 동물 인형을 그려 넣어 글자를 읽을 줄 모르는 사람들도 시간을 쉽게 읽을 수 있도록 했다.

**앙부일구**는 중국에서도 유래가 없던 **조선 고유의 해시계**로, 이후 일본에만 전해졌다. 앙부일구는 천문 정보와 수학적 정확성, 예술적 아름다움이 담겨진 우리의 자랑스러운 과학문화재이다. 장영실이 만든 앙부일구는 임진왜란 때 유실되었으며, 현재 전해지는 것들은 조선 후기에 만들어진 것이다.

세종대왕 때에는 앙부일구 외에도 현주일구, 천평일구, 정남일구 등 매우 독창적인 해시계들이 제작되었다.


### (2) 물시계: 자격루

해시계는 한 가지 단점이 있었다. 해 그림자를 이용해 시간을 측정하기 때문에 해가 떠 있는 낮에만 사용할 수 있었던 것이다. 흐린 날이나 비오는 날, 그리고 밤에는 사용할 수 없었다.

따라서 밤낮으로 시간을 재기 위해서는 다른 기구가 필요했다. 그래서 제작된 것이 물시계이다. 동서양의 모든 문명권에서는 물시계가 사용되어 왔다. 세종대 장영실에 의해 제작된 시계인 자격루 또한 이 물시계 중 하나이다. 세종대 과학기술의 대표적 업적 가운데 하나인 **자격루**는 시보장치(자격장치)를 통해 스스로 시간을 알려주는 물시계였다.

자격루는 크게 두 부분으로 나뉜다. 하나는 물 항아리로 구성된 부루 부분이고, 다른 하나는 종, 북, 징을 쳐 시간을 알리는 자동시보 장치이다.

자격루.

부루 부분에는 물을 공급하는 항아리(=파수호)와 물을 받는 항아리(수수호) 그리고 시간 눈금이 새겨진 잣대가 있다.

파수호는 총 3개의 물 항아리로 구성되어 있다. 물은 대파수호에서 소파수호를 거쳐 수수호로 유입된다. 수수호에는 부자浮子를 띄우고 부자에 시간눈금을 새긴 대나무 잣대가 꽂혀 있다. 수수호로 물이 차오르면 잣대를 꽂은 부자가 위로 떠오르고 잣대는 수수호 바깥으로 올라오게 된다. 이때 잣대의 눈금이 떠오르는 간격을 읽어서 시간을 측정한다.

파수호를 3단으로 배치한 까닭은 물의 유압을 일정하게 맞추기 위해서였다. 사실, 자격루의 핵심기술은 물의 유압을 일정하게 유지하는 것이다. 물의 유압이 유지되지 않으면 시간의 간격은 불균등해질 수밖에 없다. 따라서 물의 유압을 일정하게 유지하기 위해서는 물의 유입양이 일정해야 했는데 이 물의 유입과 흐름을 제어하기 위해 파수호를 여러 단에 걸쳐 배치했던 것이다.

이 부분은 동서양의 모든 물시계에서 찾아볼 수 있는 구조이다. 그럼 자격루

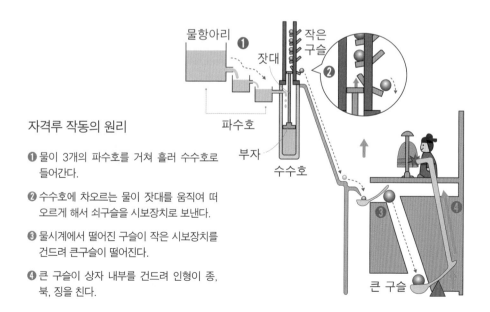

**자격루 작동의 원리**

❶ 물이 3개의 파수호를 거쳐 흘러 수수호로 들어간다.

❷ 수수호에 차오르는 물이 잣대를 움직여 떠오르게 해서 쇠구슬을 시보장치로 보낸다.

❸ 물시계에서 떨어진 구슬이 작은 시보장치를 건드려 큰구슬이 떨어진다.

❹ 큰 구슬이 상자 내부를 건드려 인형이 종, 북, 징을 친다.

만의 특징은 무엇일까? 그 비밀은 자동시보 장치에 숨겨져 있다.

부자에 꽂혀 있는 자가 일정한 높이만큼 상승하게 되면 해당 높이에 미리 설치해 두었던 쇠구슬 받침을 건드려 쇠구슬을 떨어뜨린다. 이 쇠구슬은 대나무관을 타고 부루 부분 앞에 설치되어 있는 기계 안으로 들어가 장치를 작동시켜 인형으로 하여금 종과 북을 치게 해 시간을 자동으로 알리게 하는 기계장치이다.

스스로 자(自), 칠 격(擊), 물시계 루(漏)의 자격루라는 이름에서 알 수 있듯이, 스스로 작동하며 시간을 알려주는 물시계가 바로 자격루만이 가진 중요한 특징이라 할 수 있다.

### (3) 별시계: 일성정시의

해시계, 물시계와 함께 **별시계**도 제작하였다. 일성정시의 <sup>日星定時儀</sup> 가 바로 그것이다. 간의와 혼의, 자격루, 앙부일구 등에 이어 가장 마지막에 제작된 것이다. 해시계와 더불어 밤에 시간을 측정할 수 있는 물시계가 있었음에도 불구하고 일성정시의를 만든 까닭은 무엇일까?

해시계는 해가 떠 있는 동안에는 시간을 측정할 수 있었지만 날씨가 흐리거나 비가 오는 날이면 시간을 측정할 수 없었다. 자격루 역시 고장이라도 나면 시간을 측정할 수가 없었다. 그래서 세종은 낮과 밤에 관계없이 한양의 고도에 맞는 정확한 시간을 측정할 수 있는 시계가 필요하다는 생각에 일성정시의를 제작하도록 했다.

일성정시의는 명칭에서 알 수 있듯이 해<sup>日</sup>와 별<sup>星</sup>을 관찰해 시간을 알아내는 의기이다. 낮에는 해

일성정시.

의 움직임을 측정하고 밤에는 별의 움직임을 관찰해서 매우 간편하게 시간을 측정하는 해시계이자 별시계인 셈이다.

일성정시의는 항성이 북극성을 중심으로 하루에 한 바퀴씩 왼쪽에서 오른쪽으로(반시계방향으로) 일주한다는 사실에 착안해 시간의 변화를 측정한다. 항성이 북극성을 중심으로 하루에 한 바퀴씩 회전하므로 1시간에 15° 가량을 회전한다. 따라서 그 회전한 각도를 재면 시간의 변화를 알아낼 수 있다. 일성정시의에서도 하루를 100각으로 계산했다.

일성정시의는 동심원을 이루는 3개의 환인 주천도분환, 일구백각환, 성구백각환으로 구성되어 있다. 가장 바깥쪽에 있는 주천환은 시간측정의 기준 자 역할을 한다. 중간에 있는 일구환은 주간에 시간을 측정할 때 읽는 눈금이며 고정되어 회전하지 않는다. 가장 안쪽에 있는 성구환은 야간에 시간을 측정할 때 읽는 눈금이다. 세 개의 환을 지지하고 있는 자루가 용의 입안으로 연결되어 있으며 이 용이 물고 있는 자루의 기울기는 한양의 적도고도와 같다.

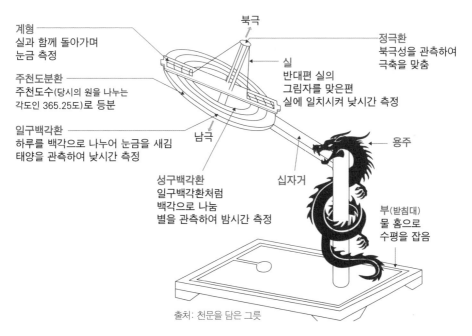

계형
실과 함께 돌아가며
눈금 측정

주천도분환
주천도수(당시의 원을 나누는
각도인 365.25도)로 등분

일구백각환
하루를 백각으로 나누어 눈금을 새김
태양을 관측하여 낮시간 측정

성구백각환
일구백각환처럼
백각으로 나눔
별을 관측하여 밤시간 측정

북극

실
반대편 실의
그림자를 맞은편
실에 일치시켜 낮시간 측정

남극

십자거

정극환
북극성을 관측하여
극축을 맞춤

용주

부(받침대)
물 홈으로
수평을 잡음

출처: 천문을 담은 그릇

## 조선, 세계 최초로 강우량을 측정하다

벼농사 중심의 조선시대에 비는 생존과 직결된 중요한 기상현상이었다. 비는 한해 농사의 풍흉을 결정하기도 한다. 농사철에 가뭄이 들거나 벼가 익어야 할 시기에 너무 많은 비가 내리는 경우와 같이 제때 내리지 않는 강우는 왕의 잘못된 정치에 대한 하늘의 꾸지람으로 여겼다. 그래서 조선의 왕들은 강우에 관심을 가질 수밖에 없었다. 때문에 매일의 날씨를 기록하도록 했는데, 그 내용을 보면, 무지개와 우박, 번개, 서리, 천둥, 황사비, 빗물의 양까지 세밀하게 기록되어 있다고 한다. 그렇다면 과거에는 어떻게 빗물의 양을 측정했을까?

측우기를 발명하기 이전에는 호미나 쟁기로 땅을 파서 땅속에 스며든 빗물의 정도를 파악해서 강우량을 측정했다. 비가 온 날 땅을 파서 빗물이 어느 정도 깊이까지 스며들었는지를 측정했던 것이다.

그런데 이 방법은 한계가 있었다. 비가 자주 와서 이미 땅이 젖어 있는 경우에는 비의 양을 정확히 재기가 힘들었다. 또한 땅의 성질과 종류에 따라 빗물의 스미는 정도도 다르기 때문에 각 지역의 강우량을 비교하는 데 어려움이 많았다.

예컨대 습한 땅에서는 빗물이 잘 스며들지 않을 것이며 강우량을 측정하는 날에 어느 정도 깊이까지 빗물이 스며든 것인지를 분별할 수가 없었기 때문이다.

반면 건조한 땅에서는 빗물이 잘 스며들지만 금방 말라버리기 때문에 역시 정확한 강우량을 측정할 수가 없게 된다.

이런 한계를 고민하던 중 세종대왕의 큰 아들(훗날 문종)인 세자가 놋쇠그릇에 빗물을 받아 재는 것이 어떻겠냐는 아이디어를 제시했다. 이 아이디어를 바탕으로 하여 1441년에 제작한 것이 바로 빗물의 양을 재는 우량계, **측우기**다.

측우기는 빗물을 담는 원통형 철제 그릇인 '측우기'와 측우기를 세워 두는 측우대로 이루어져 있다. 비가 오면 주척이라는 자를 이용해 비의 양을 쟀다. 단위는 자, 치, 푼(2mm) 단위까지 정확히 쟀다.

처음 측우기는 높이 41cm, 지름이 약 16cm인 원통형이었지만 그 통을 채울 만큼 비가 많이 오지 않아서 높이 약 30cm, 지름 약 14cm 정도로 줄여서 다시 만들어졌다. 측우기 밑에 있는 사각 기둥 모양의 측우대는 측우기가 땅에서 어느 정도 위로 떨어져 있도록 해서 빗물이 튀어 들어가지 않게 해주는 역할을 했다.

그런데 측우기를 측우대에 맞추어 사각

기둥 모양으로 만들지 않고 원기둥 모양으로 만든 이유는 무엇일까? 그것은 하늘에서 비가 떨어질 때 측우기 모서리에 각이 져 있으면 물이 튀어 정확하게 양을 측정할 수 없을뿐더러, 같은 둘레라도 원형으로 된 그릇이 물을 더 많이 담을 수 있기 때문이다.

그런데 놀라운 사실은 처음 측우기가 제작된 지 580여 년이 지난 오늘날의 빗물의 양을 재는 방법이 과거와 크게 다르지 않다는 점이다. 조선의 측우기가 현재 세계기상기구(WMO)에서 규정한 표준크기와 거의 같으며, 빗물만 받을 수 있는 인공적 환경조성을 위해 받침대인 측우대를 사용했던 점도 현재 세계 각국 우량계의 지상 고도가 75cm에서 150cm라는 것과 비교하면 조선 시대 측우기가 얼마나 과학적으로 설계되었는지 알 수 있다.

다음은 일제강점기 조선총독부 제2대 관측소장이었던 히라다가 조선의 측우제도를 감탄하면서 쓴 글이다. 조선의 문화를 깔보던 그였지만 측우제도에 대

주척:
측우기에 고인 빗물을 측정하는 눈금자

측우기:
빗물을 받는 원기둥 모양의 그릇

측우대:
측우기를 단단히 받치는 역할, 빗물이 튀어 측우기 안으로 들어가는 것을 방지.

측우기

해서만은 감탄을 금치 못했다고 한다.

"원래 조선의 문화는 대체로 대륙에서 전래된 것으로서, 조선의 독특한 문명으로 자랑할 수 있는 것은 그다지 많다고 볼 수 없다. 그러나 세종 때 우량을 관측한 것은 유럽에서도 이러한 사업이 시작되기에 앞선 약 200년, 또한 중국 대륙에서도 이러한 시설이 있었다는 것을 들은 적이 없었는데 놀랍게도 조선인의 뇌리에서 솟아나온 독창적인 사업이다."

세종대왕의 재위시기(1418~1450)에는 측우기를 비롯하여 천문, 역법 등 과학기술 발전이 눈부시게 이루어져 그 수준은 가히 세계적이었다. 1983년 일본에서 발간된 '과학사기술사사전科學史技術史事典' 연표에는 세계적인 과학기술 업적이 정리돼 있는데, 이 연표에 기재된 조선의 과학기술은 석빙고, 측우기, 칠정산 내외편, 자격루, 훈민정음, 철제화포 등 21가지에 달한다. 이에 비해 당시 천체 관측 등 과학기술 최강국이었던 명나라는 4개, 일본은 1개에 불과했으며 유럽과 아라비아는 합쳐서 20가지가 올라가 있을 뿐이다. 만일 그 당시에도 노벨상이 수여되었다면 분명 수상자 명단에 세종이나 조선의 과학기술인의 명단이 여럿 있지 않았을까 당당하게 추정해 본다.

특히 세종대왕 시대 과학기술의 발전에는 장영실, 이천, 이순지 등의 뛰어난 과학기술인이 많았기 때문이기도 하지만 그들을 물심양면으로 지원하고 과학기술을 장려한 세종의 역할이 가장 크다고 할 수 있다. 세종은 당시 찬란한 과학기술 문명의 기획·설계자였다고 해도 과언이 아닐 것이다. 세종은 국왕임에도 불구하고 스스로 수학과 과학, 기술을 공부하고 관심을 기울이며 수학적 사고력과 과학적 창의력을 바탕으로 당면한 문제들을 체계적으로 해결하고 조선만의 독자적인 과학기술을 만들어내는 리더십을 발휘했다. 세종대왕 재위시절에 만들어진 세계 최고수준의 과학기술은 세종과 많은 과학기술인의 수학적 사고력과 과학적 창의력이 빚어낸 결정체가 아닐까.

# 음악의 왕, 수학으로 음악을 정비하다!

"이칙의 음정이 높으니, 몇 분分을 감하라."

1449년(세종 31년) 12월 11일, 당대 최고의 음악가였던 박연이 세종대왕 앞에서 새로 제작한 편경을 연주했다. 이때 연주 소리를 듣고 있던 세종대왕이 편경 하나의 소리가 약간 높으니 조금 손을 보는 것이 좋겠다는 말을 했다. 이에 박연이 '이칙'에 해당하는 경돌을 살펴보니, 먹줄의 미세한 표시가 남아 있는 것을 확인하고 돌이 덜 갈려 있다는 것을 알게 되었다.

깜짝 놀랄 일이 아닐 수 없다. 음악 전문가가 놓친 악기의 미세한

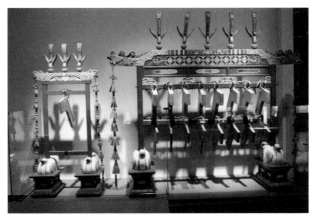

세종대왕역사문화관.

음정 차이를 세종대왕이 알아내다니 분명 세종대왕은 절대 음감의 소유자였으리라 추측된다.

이 이야기에서 알 수 있듯 세종대왕은 음악에도 많은 관심을 가졌다고 한다. 세종대에 새로운 악보를 만들기 이전에는 중국식의 악보를 보고 연주를 했는데, 그 악보에는 음 이름만이 적혀 있었기 때문에 당시 조선의 악사들은 박자를 외운 후에 연주할 수밖에 없었다. 세종대왕은 그러한 불편함을 없애고 좋은 곡들을 후대에도 정확하게 전달하고자 수학적 방법을 이용하여 음의 길이까지 나타낼 수 있는 악보를 만들었다.

## 동양 최초의 유량악보, 정간보

서양의 12음과 똑같지는 않지만, 중국과 우리나라에서도 다음과 같은 12율을 사용했다.

| 황종<br>黃鍾 | 대려<br>大呂 | 태주<br>太簇 | 협종<br>夾鍾 | 고선<br>姑洗 | 중려<br>仲呂 | 유빈<br>蕤賓 | 임종<br>林鍾 | 이칙<br>夷則 | 남려<br>南呂 | 무역<br>無射 | 응종<br>應鍾 |
|---|---|---|---|---|---|---|---|---|---|---|---|

세종대왕이 만든 악보는 이 12율을 나타내는 글자들을 우물 정$^{\#}$자를 닮은 사각형의 칸 안에 넣었다. 칸을 채우고 비워두는 방법을 쓰면 음의 길이도 충분히 나타낼 수 있다. 이렇게 만든 악보가 바로 '정간보$^{井間譜}$'이다. 이때 두 글자로 된 복잡한 한자를 칸 안에 넣으면 악보를 쓰거나 읽을 때 복잡하므로 간단히 나타내기 위해 앞글자만 따서 潢(황), 大(대), 太(태)······와 같이 표기했다.

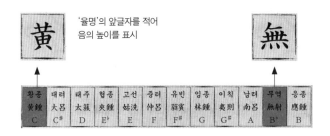

'율명'의 앞글자를 적어
음의 높이를 표시

| 황종黃鍾 C | 대려大呂 C# | 태주太簇 D | 협종夾鍾 E♭ | 고선姑洗 E | 중려仲呂 F | 유빈蕤賓 F# | 임종林鍾 G | 이칙夷則 G# | 남려南呂 A | 무역無射 B♭ | 응종應鍾 B |
|---|---|---|---|---|---|---|---|---|---|---|---|

또 서양의 오선지 악보에서 쉼표, 붙임표 등 여러 기호들로 강약을 표현하여 심금을 울리는 아름다운 선율을 만드는 것과 마찬가지로, 정간보에서도 형태는 다르지만 이와 같은 역할을 하는 기호들을 사용했다. '〈'는 숨을 쉬라는 숨표, '△'는 연주하지 말고 쉬라는 쉼표, '─'는 앞의 음을 연장하라는 붙임표이다. 행과 행 사이에 있는 빈 칸에는 가사를 적어 넣도록 되어 있다.

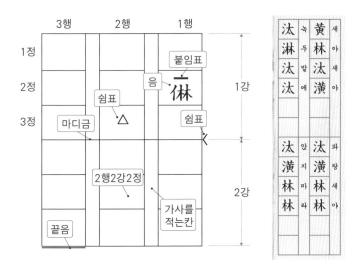

하지만 정사각형 1칸으로 된 1박자(서양의 4분음)의 음들만으로 음악을 만들 수는 없다. 반 박자(서양의 8분음)나 $\frac{1}{4}$ 박자(16분음)도 필요하지 않은가! 그렇다

면 정간보는 어떻게 나타냈을까?

정간보의 음 표현법은 아주 단순하지만, 서양음악과 마찬가지로 다양한 박자를 표현할 수 있다. 다음과 같은 방식으로 율명을 적어 넣어 박자를 표현한 것이다.

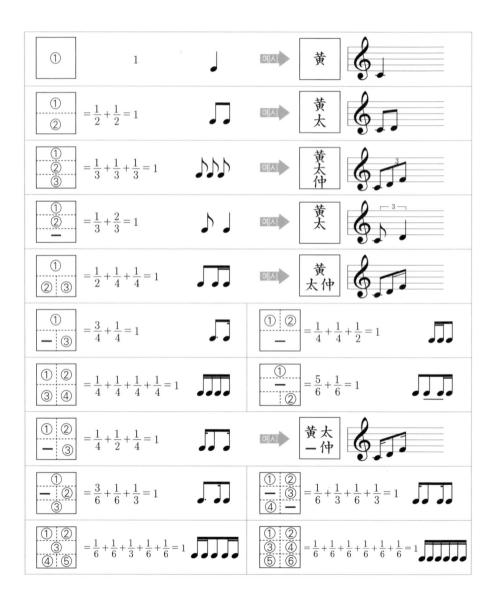

이것으로 보아 정간보는 지극히 수학적인 악보임에 틀림없다. 세종대왕의 정간보는 **동양 최초의 '유량악보**<sup>有量樂譜</sup>**'**로서 매우 혁신적인 악보였다. 유량악보는 음의 높이와 길이를 나타낼 수 있는 악보를 말한다. 정간보는 서양의 오선보와 함께 **세계 2대 유량악보**로 꼽힌다.

세종실록에 따르면, 세종은 다음과 같이 말했다.

"우리나라의 음악이 완벽하다고 할 수 없지만, 부끄러워할 것도 없다. 중국의 음악이라고 해서 모두 바르게 되었다고 할 수 있는가."

정간보가 만들어지기 전에 작곡된 음악은 제대로 전해지는 것이 드물지만 우리의 악보, 정간보에 새겨진 우리 음악은 수백 년이 지난 오늘날까지도 악보 그대로 연주되고 있으니 이는 자랑스러운 일이 아닐 수 없다.


## 12율과 삼분손익법

우리나라의 전통음악에서 사용하는 음이름이 있다. 다음의 12율이 그것이다.

황종, 대려, 태주, 협종, 고선, 중려, 유빈, 임종, 이칙, 남려, 무역, 응종

읽을 때는 줄여서 황, 대, 태, …로 읽기도 한다. 12율은 중국 주<sup>周</sup>나라 때부터 사용된 것으로, 1옥타브의 음역을 12개의 음정으로 구분하여 각 음 사이가 반음 정도 차이가 나도록 음을 정한 것이다. 12율은 조선시대 궁중의식에서 연주된 전통음악인 아악에서도 사용되었다.

서양의 12음계는 특정한 두 음의 음고 높낮이의 거리를 로그값으로 나타낸 '센트<sup>cent</sup>'에 의해 만든 것이다. 음향학적으로 주파수 비율이 2:1에 해당하는 한

옥타브는 1200센트의 거리를 가지며, 이를 정확하게 12등분하여 12개의 음으로 구성한 것이 바로 12음계이다.

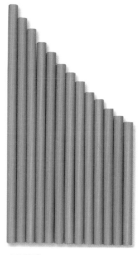

12율관.

이에 반해 한국의 12율은 율관에 의해 만든 것이다. 율관은 12율을 정할 때 음 높이의 척도가 되는 죽관으로, 후에는 구리관을 사용하기도 했다. 12율을 사용하므로 12개의 율관이 필요하다.

그렇다면 12율관은 어떻게 만들어졌까? 특이하게도 이것은 곡물 중의 하나인 기장을 이용하여 만들었다. 기장 90알을 일렬로 나열한 길이를 가진 관을 황종율관이라고 하며, 이 관이 내는 소리를 기준음인 황종율이라 한다. 길이 31.23cm의 황종율관이 만들어지면 이 관에 **삼분손익법**三分損益法을 적용하여 나머지 11율관을 만들 수 있다.

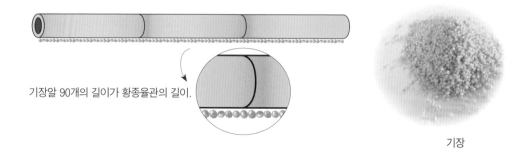

기장알 90개의 길이가 황종율관의 길이.

기장

삼분손익법은 세 개로 나눠서 빼고 더한다라는 말 그대로 가장 기본인 황종율관에서 시작하여 **삼분손일법**三分損一法과 **삼분익일법**三分益一法을 교대로 적용하는 것이다. 삼분손일은 한 관의 길이를 3등분하여 그중 $\frac{1}{3}$의 길이를 뺀 나머지 $\frac{2}{3}$

의 길이를 취하는 것을 말하며, 삼분익일은 한 관의 길이를 3등분하여 그 $\frac{1}{3}$ 만큼의 길이를 더하는 것을 말한다.

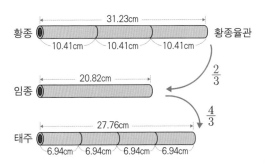

황종율관을 3등분하여 그중 $\frac{1}{3}$ 을 잘라내면 길이가 줄어들기 때문에 진동수가 낮아져 자연스럽게 높은 음이 산출되며, 황종율에서 삼분손일해서 얻은 음은 임종율이 된다. 임종율관을 삼등분하여 그 $\frac{1}{3}$ 만큼을 더하는 삼분익일을 하게 되면 길이가 길어져 낮은음인 태주율관을 얻을 수 있다. 이와 같은 손일, 익일을 반복하게 되면 다음의 순서대로 12율관을 얻을 수 있으며 그 12율관이 12율명의 음높이를 나타내는 것이다.

황종→임종→태주→남려→고선→응종→유빈→대려→

이칙→협종→무역→중려

이에 황종율관의 길이를 1이라 할 때 삼분손익법을 적용하여 구한 12율관의 길이는 다음과 같다.

| 12율 | | 황종 | 임종 | 태주 | 남려 | 고선 | 응종 | 유빈 | 대려 | 이칙 | 협종 | 무역 | 중려 |
|---|---|---|---|---|---|---|---|---|---|---|---|---|---|
| 율관길이 | 황종율관기준 | 1 | $\frac{2}{3}$ | $\frac{8}{9}$ | $\frac{16}{27}$ | $\frac{64}{81}$ | $\frac{128}{243}$ | $\frac{512}{729}$ | $\frac{1024}{2187}$ ↓2배 $\frac{2048}{2187}$ | $\frac{4096}{6561}$ | $\frac{8192}{19683}$ ↓2배 $\frac{16384}{19683}$ | $\frac{32768}{59049}$ | $\frac{65536}{177141}$ ↓2배 $\frac{13102}{177141}$ |
| | 실제길이 | 31.2 | 20.8 | 27.8 | 18.5 | 24.7 | 16.5 | 21.9 | 14.6 | 19.5 | 13.0 | 17.3 | 11.6 |

그런데 삼분손익법은 적용하여 구한 대려, 협종 중려율관의 길이가 황종율관 길이의 $\frac{1}{2}$ 보다 작아져 황종율에 비해 황종율보다 1옥타브 이상의 높은 음을 내는 상황이 발생하게 된다. 이에 따라 이들 세율을 같은 옥타브 내에 있도록 하기 위해서는 율관의 길이를 각각 2배로 조정하면 된다.

한편 삼분손익법의 삼분손일三分損一과 삼분익일三分益一의 진동수 비율은 다음 과 같이 근사화된다.

$$\textbf{삼분손일}: \frac{2}{3}\text{길이} \Rightarrow \frac{3}{2}\text{진동수} = 1.5 \fallingdotseq 1.498 = 2^{\frac{7}{12}}$$

$$\textbf{삼분익일}: \frac{4}{3}\text{길이} \Rightarrow \frac{3}{4}\text{진동수} = \frac{3}{2} \times \frac{1}{2} = 1.5 \times \frac{1}{2} \fallingdotseq 1.498\cdots \times \frac{1}{2}$$

$$= 2^{\frac{7}{12}} \times 2^{-1} = 2^{\frac{7}{12}} \times 2^{-\frac{12}{12}} = 2^{-\frac{5}{12}}$$

따라서 삼분손일을 적용한다는 것은 바로 앞의 음의 진동수에 근사적으로 $2^{\frac{7}{12}}$의 비율을 곱한다는 것이고, 삼분익일을 적용한다는 것은 바로 앞의 음의 진동수에 근사적으로 $2^{-\frac{5}{12}}$의 비율을 곱한다는 것이 된다 .

그럼 이제, 첫 기준 주파수를 1이라 놓고 삼분손일과 삼분익일을 번갈아 적 용하며 모두 12개의 진동수를 구해보자.

**황종** (제1진동수)  $= 1 = 2^0 = 2^{\frac{0}{12}}$

**임종** (제2진동수)  $\fallingdotseq 2^{\frac{0}{12}} \times 2^{\frac{7}{12}} = 2^{\frac{7}{12}}$   삼분손일 적용

**태주** (제3진동수)  $\fallingdotseq 2^{\frac{7}{12}} \times 2^{-\frac{5}{12}} = 2^{\frac{2}{12}}$   삼분익일 적용

**남려** (제4진동수)  $\fallingdotseq 2^{\frac{2}{12}} \times 2^{\frac{7}{12}} = 2^{\frac{9}{12}}$   삼분손일 적용

**고선** (제5진동수)  $\fallingdotseq 2^{\frac{9}{12}} \times 2^{-\frac{5}{12}} = 2^{\frac{4}{12}}$   삼분익일 적용

**응종** (제6진동수)  $\fallingdotseq 2^{\frac{4}{12}} \times 2^{\frac{7}{12}} = 2^{\frac{11}{12}}$   삼분손일 적용

**유빈** (제7진동수)  $\fallingdotseq 2^{\frac{11}{12}} \times 2^{-\frac{5}{12}} = 2^{\frac{6}{12}}$   삼분익일 적용

**대려** (제8진동수)  $\fallingdotseq 2^{\frac{6}{12}} \times 2^{\frac{7}{12}} = 2^{\frac{13}{12}}$   삼분손일 적용

**이칙** (제9진동수)  $\fallingdotseq 2^{\frac{13}{12}} \times 2^{-\frac{5}{12}} = 2^{\frac{8}{12}}$   삼분익일 적용

**협종** (제10진동수)  $\fallingdotseq 2^{\frac{8}{12}} \times 2^{\frac{7}{12}} = 2^{\frac{15}{12}}$   삼분손일 적용

**무역** (제11진동수)  $\fallingdotseq 2^{\frac{15}{12}} \times 2^{-\frac{5}{12}} = 2^{\frac{10}{12}}$   삼분익일 적용

**중려** (제12진동수)  $\fallingdotseq 2^{\frac{10}{12}} \times 2^{\frac{7}{12}} = 2^{\frac{17}{12}}$   삼분손일 적용

그런데 위의 진동수 중 $2^{\frac{13}{12}}$, $2^{\frac{15}{12}}$, $2^{\frac{17}{12}}$은 진동수가 $2\left(= 2^1 = 2^{\frac{12}{12}}\right)$배보다 크므로 한 옥타브보다 높은 음을 만들어낸다. 따라서 같은 옥타브 내에 있도록 하기 위해 이 진동수를 다음과 같이 2로 나누어준다.

$$2^{\frac{13}{12}} \div 2 = 2^{\frac{13}{12}} \div 2^1 = 2^{\frac{13}{12}} \div 2^{\frac{12}{12}} = 2^{\frac{13-12}{12}} = 2^{\frac{1}{12}}$$

$$2^{\frac{15}{12}} \div 2 = 2^{\frac{15}{12}} \div 2^1 = 2^{\frac{15}{12}} \div 2^{\frac{12}{12}} = 2^{\frac{15-12}{12}} = 2^{\frac{3}{12}}$$

$$2^{\frac{17}{12}} \div 2 = 2^{\frac{17}{12}} \div 2^1 = 2^{\frac{17}{12}} \div 2^{\frac{12}{12}} = 2^{\frac{17-12}{12}} = 2^{\frac{5}{12}}$$

이렇게 조정된 위 세 개의 비율을 적용하여 열두 개의 비율들을 다시 열거하면 다음과 같다.

$$2^{\frac{0}{12}}, 2^{\frac{7}{12}}, 2^{\frac{2}{12}}, 2^{\frac{9}{12}}, 2^{\frac{4}{12}}, 2^{\frac{11}{12}}, 2^{\frac{6}{12}}, 2^{\frac{1}{12}}, 2^{\frac{8}{12}}, 2^{\frac{3}{12}}, 2^{\frac{10}{12}}, 2^{\frac{5}{12}}$$

이번엔 위 비율들을 작은 순서대로 열거하면 다음과 같다.

$$2^{\frac{0}{12}}, 2^{\frac{1}{12}}, 2^{\frac{2}{12}}, 2^{\frac{3}{12}}, 2^{\frac{4}{12}}, 2^{\frac{5}{12}}, 2^{\frac{6}{12}}, 2^{\frac{7}{12}}, 2^{\frac{8}{12}}, 2^{\frac{9}{12}}, 2^{\frac{10}{12}}, 2^{\frac{11}{12}}$$

이는 서양음악의 평균율에서의 비율과 같다. 따라서 삼분손익법은 평균율의 근사적인 방법이라는 사실을 알 수 있다.

사실 삼분손익법은 중국의 음률 산정법으로 우리나라의 '대'와 중국의 '대' 그리고 기장알의 크기가 달라 우리나라의 황종율관의 음이 1율 높았다고 한다. 그리고 이를 중히 여긴 만큼 율관에 제작되는 재료들을 궁에서 직접 관리하여 작물들을 키웠다고 한다.

## 황종율관으로 길이, 부피, 무게 단위를 통일시키다

무엇보다 황종율관은 기준음을 정하는 역할뿐만이 아닌 길이, 부피, 무게의 기준이 되는 중요한 역할까지 했다. 우리나라 실정에 맞는 길이 단위가 만들어진 것은 바로 세종대왕과 박연에 의해서였다.

중국의 진시황제가 춘추전국시대를 통일한 뒤 가장 역점을 두고 추진한 정책 중 하나가 도량형을 통일하는 것이었다. 도량형을 통일하지 않고서는 중원을 효율적으로 지배할 수 없다고 생각했기 때문이다.

우리나라는 삼국시대부터 나름의 도량형을 만들거나 중국의 도량형 제도를 채택해 사용했다. 도량형은 길이와 부피, 무게를 재는 단위를 말한다.

도량형의 도度는 물건의 길이를 재는 '자', 량量은 곡식의 부피를 재는 '되'나 '말', 형衡은 무게를 재는 '저울'을 뜻한다.

고구려는 한나라에서 사용하던 한척(1한척=약 23.7cm) 대신에 고구려척(1척=35.6cm)을 사용하였으며, 신라에서는 중국 주나라의 주척(1주척=20cm)을 사용했다. 고려시대에도 주척과 당나라의 당대척(1당대척=약 29.7cm)을 주로 사용했다.

조선은 초기부터 도량형 통일에 많은 관심을 가졌고, 세종 시대에 본격적으로 추진했다. 세종은 박연 등에게 새롭게 '황종척黃鍾尺'을 만들어 음악의 음률을 정비하게 했다. 자의 일종인 황종척을 새롭게 만들라는 뜻은 곧 길이의 단위를 새롭게 정비하라는 것과 동일한 의미였다. 때문에 세종이 황종척을 만든 것은 음악의 음률 정비와 함께 길이의 단위인 '척尺'도 정비하겠다는 의도였다.

박연이 세종의 명에 따라 궁중 음악을 정비하는 과정에서 황종율관을 만들고, 더불어 이것을 이용하여 도량형의 기준을 새로 정했다. 박연은 먼저 황종율관을 만들고, 황종율관의 길이를 재기 위해 그 기준을 정했다. 그것이 바로 황종척이다. 크기가 중간 정도인 기장 100알을 일렬로 늘어놓고 그 길이를 1척(1황종척)으로 정했다. 1척의 길이는 약 31.23cm였다. 이 1척의 $\frac{1}{10}$의 길이를 1촌, 1촌의 $\frac{1}{10}$의 길이를 1분으로 정했으며, 10척을 1장으로 정했다.

악기의 제조와 음률을 맞출 때 사용하는 이 황종척에 이어, 옷감 등을 재단할 때 쓰는 포백척, 건물이나 성벽, 길의 길이를 잴 때 목수가 사용하는 영조척, 천문, 기상을 관측하는 기기나 토지의 길이를 측정할 때 사용하고 여러 자의 기준이 되기도 하는 주척, 궁중 제례나 예법에 쓰이는 기구 제작에 사용하는 조례기척(예기척)을 만들기도 했다.

황종율관은 부피의 기준도 되었다. 직경 12mm의 황종율관에는 기장알 1200개를 채우고, 이것을 1약, 2약은 1홉, 10홉은 1되, 10되는 1말, 10말을 1섬(곡, 석)으로 정했다. 심청전에 나오는 '공양미 300석'의 '석'은 바로 이 부피 단위를 말한 것이다.

또 황종율관 속에 담기는 물의 중량으로 무게의 표준을 정하기도 했다. 황종율관에 가득 채운 물의 무게를 88분으로 정하고 10분은 1전, 10전은 1량, 16량은 1근 (=641.946g)으로 정했다. 오늘날 무게의 표준인 1근을 600g으로 정한 것은 1964년부터이다.

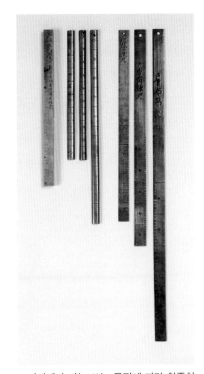

조선시대의 자는 쓰는 목적에 따라 황종척 (黃鐘尺), 주척(周尺), **조례기척**(造禮器尺), 포백 척(布帛尺), 영조척(營造尺)으로 나눌 수 있다. 각종 악기의 제작이나 음률을 맞출 때 사용하던 자가 황종척으로, 12율관의 기준이 되는 황종율관(黃鐘律管)의 길이와 내경(內徑) 의 부피를 정할 때도 사용되었다. 주척은 측우기 등 천측기구와 거리, 토지 등을 측정하는 데 사용되었고, 종묘나 문묘의 예기 를 제작할 때 사용하던 자는 조례기척이었 으며, 옷감 등을 재단할 때는 포백척을, 영 조척은 성벽이나 궁궐 등을 건축할 때는 영 조척을 사용했다.

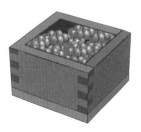

## 반자동거리 측정기구, 기리고차

오늘날과 같이 거리를 측정하던 기구가 없던 시절, 우리 조상들은 어떻게 거리를 재었을까?

조선시대 초기까지만 해도 원시적인 방법으로 자나 막대기를 가지고 재는 척측법이나 발자국으로 재는 보측법을 이용했다. 이후에는 새끼줄을 줄차처럼 사용하여 측량하다가 신축성이 있는 새끼줄의 특성으로 인해 노끈이나 먹줄 등을 사용하여 측량하는 승량지법을 이용했다.

당시 조선에서는 토지 측량이나 대규모 공사를 추진하는 데 있어 보다 정밀하고 사용이 편리한 측정기구가 필요했지만 노끈이나 먹줄을 이용한 방법은 사용할 때마다 오차가 발생했기에 너무나도 불편했다. 이에 세종은 온나라 땅을 과학

측량도구로 사용된 승척.

적으로 측정할 수 있는 도구를 만들도록 했다. 그래서 만들어진 것이 한국 최초의 거리 측량기인 기리고차이다.

이 기리고차는 왕명으로 중국으로 유학을 간 장영실이 기존의 중국식 기리고차를 더욱 발전시켜 개량한 것으로 반자동거리 측정기구이다. 마치 오늘날의 택시 요금 측정기나 마라톤 경기의 거리를 측정할 때 사용되는 기계와 같은 것을 1441년에 개발하여 본격적으로 사용한 것이다.

조선왕조실록에 따르면 세종 임금은 1441년 3월 17일에 왕비와 함께 세종의 눈병 치료차 온양으로 갈 때 처음 이 기리고차를 이용했다. 이 행차에서 처음 기리고차를 사용해보니, 이동거리가 늘어남에 따라 나무 인형이 스스로 종과

북을 쳤다고 한다.

기리고차에는 종과 북이 연결되어 있으며, 수레가 $\frac{1}{2}$리를 가게 되면 종이 1번 울리고, 1리를 갔을 때에는 종이 여러 번 울리도록 하였으며, 5리를 가면 북을 1번 울리고, 10리를 갔을 때는 북이 여러 번 울리도록 설계되었다. 마차 위에 앉아 있는 사람은 이렇게 울리는 종과 북소리의 횟수를 기록하여 거리를 측정했다. 세종 때 각 도, 각 읍 간의 거리를 조사하여 지도를 작성하는 데 기리고차가 사용되었을 것으로 추측된다.

그렇다면 세종이 온양 온천 행차 때 타고 간 기리고차는 과연 도착할 때까지 10리를 알리는 북소리를 몇 번이나 울렸을까?

현재 서울 경복궁에서 온양의 한 온천랜드까지의 거리는 약 102km이다. 10리를 4km로 계산하면 기리고차는 10리를 알리는 북소리 신호를 약 25(102÷4=25.5)번 정도 울렸을 것으로 추정된다.

옛 문헌에 기록된 기리고차의 모습.

기리고차의 구조를 살펴보면, 먼저 수레바퀴의 중간부분에 철로 만든 톱니바퀴가 축을 중심으로 설치되어 있으며 이 톱니바퀴에는 10개의 톱니가 있다. 수레바퀴와 가장 가까이에 위치하며 수레바퀴 축에 달린 톱니바퀴와 연결되어 있는 크기가 가장 큰 아래 톱니바퀴에는 120개의 톱니가 설치되어 있다. 따라서 수레바퀴가 한 바퀴를 돌면 축에 달린 톱니바퀴(톱니 10개)도 한 바퀴 돌게 되며, 이에 맞물려 있는 아래 톱니바퀴도 10개의 톱니가 돌아감으로써 $\frac{1}{12}$ 바퀴 만큼 돌게 된다. 이것은 곧 수레바퀴가 12바퀴를 돌아야 아래 톱니바퀴가 1바퀴를 돌게 된다는 것을 의미한다.

또 아래 톱니바퀴의 축에는 톱니가 6개인 톱니바퀴가 따로 설치되어 있고 이 톱니바퀴와 맞물려 90개로 구성된 중간 톱니바퀴가 연결되어 있다. 이 경우에는 아래 톱니바퀴가 15바퀴를 돌아야 중간 톱니바퀴가 1바퀴(6×15=90)를 돌게 된다.

마지막으로 중간 톱니바퀴의 축에도 톱니가 6개인 톱니바퀴가 따로 설치되어 있고 이 톱니바퀴와 맞물려 60개로 구성된 위 톱니바퀴가 연결되어 있다. 이 경우에는 중간 톱니바퀴가 10바퀴 돌아야 가운데 축과 연결된 바퀴는 1바퀴를 돌게 된다.

이에 따라 기리고차 수레바퀴의 둘레의 길이는 10자로서, 수레바퀴가 12번 회전하면 아래 바퀴는 한 번 회전하게 되어 120자가 측

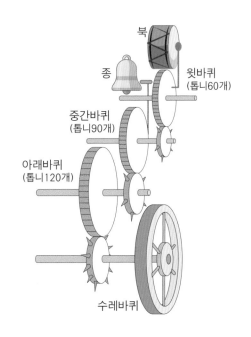

북

종

윗바퀴
(톱니60개)

중간바퀴
(톱니90개)

아래바퀴
(톱니120개)

수레바퀴

정되며 아래 바퀴가 15번 회전하면 중간 바퀴가 한 번 회전하게 되어 1800자(=120×15)를 측정할 수 있다. 또 중간 바퀴가 10번 회전하면 윗바퀴가 한 번 회전하여 18,000자를 측정하게 된다.

오늘날 택시는 타코미터Tachometer라는 기구를 사용하여 거리를 잰다. 기리고차와 그 원리가 비슷한데 택시 바퀴의 회전수를 이용하여 얼마나 이동했는지를 측정한다. 또 마라톤 경기의 거리를 측정하는 데 쓰이는 존스 카운터Jones Counter라는 장치도 기리고차의 원리와 같다. 이 장치를 자전거 앞바퀴에 부착하고 마라톤 거리를 달리면 회전한 바퀴 수를 알려주어 이를 바탕으로

타코미터의 예.

이동한 거리를 계산할 수 있다. 오늘날 개발된 정밀한 거리 측정 장치들과 비교해도 기리고차는 그 원리나 우수성이 결코 뒤지지 않는다.

## 제 3 장

더 길고 안전한

# 다리는

어떻게 만들까?

인천대교.

동호대교.

한강의 다리들.

천사대교.

방화대교.

성수대교.

인천대교.

베이브리지.

부채형 사장교의 예.

현수교의 예.

거더교의 예.

하프형 사장교의 예.

# 우리 삶을 편리하게 바꾼 다리

2019년 4월 4일 국내에서 네 번째로 긴 교량인 천사대교가 개통되었다. 천사대교는 1004개의 섬이 있다고 하여 천사섬으로 불리는 전라남도 신안에 건설해 붙인 이름이다. 신안군의 압해도와 암태도를 연결하는 연륙교로 해상구간이 7.2km이며 총 길이는 10.8km에 달한다.

인천대교 11.85km > 광안대교 7.42km > 서해대교 7.31km > 천사대교 7.22km

천사의 날개 모양을 여기저기서 찾아볼 수 있는 천사대교가 개통된 후 배를 이용해 1시간 이상 걸리던 이동시간이 10분 내외라는 획기적인 시간으로 줄어들면서 1만여 명의 섬주민들이 편리하게 육지로 드나들 수 있게 되었다.

사실 교량이 기다란 길이 외에 천사대교가 주목을 받는 것은 또 다른 이유가 있다. 바로 국내 최초로 사장교와 현수교를 나란히 배치한 복합해상교량이기 때문이다.

사장교나 현수교는 주로 길이가 긴 장대교량을 건설할 때 이용하는 교량 형식이다. 멀리서 바라보면 현수교의 유려한 곡선과 사장교의 우아한 사선이 아름답기가 그지없다. 그런데 한편으로는 불안감이 엄습해오기도 한다. 7km 정도나 되는 해상구간을 단지 띄엄띄엄 설치한 몇 개의 교각에만 의지해 서 있는 가느다란 띠 모양의 긴 다리가 태풍이나 강풍, 쎈 조류로 인해 옆으로 넘어가거나 무너지지는 않을까?

천사대교.

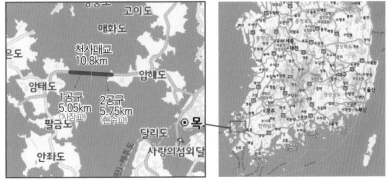

다리는 선사시대에 작은 개울을 건너고 계곡을 가로질러 가기 위해 간단히 통나무를 걸치고 덩굴로 만들었던 것이 이제는 천사대교와 같이 바다 한 가운데에서 섬과 섬을 연결해주는 매우 긴 교량으로까지 진화하였다. 그 과정에서 각 시대의 문화와 당시의 최고 기술을 집약하여 점차 더 길고 안전한 다리가 만들어져 왔다. 우리나라 서울을 가로지르는 한강에도 인구가 늘고 교통량이 증가하면서 다양한 형식의 다리들이 하나 둘씩 늘어나 2020년 현재 한강에는 무려 31개(대교 27개, 철교 4개)의 다리가 강남과 강북을 연결시키고 있다.

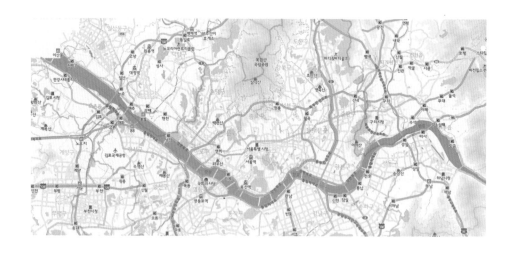

2019년 여름, 우리나라에 상륙한 여러 개의 대형 태풍이 잇달아 몰고 온 강력한 비바람에도 천사대교나 한강을 가로지르는 31개의 긴 다리들은 어느 것 하나 무너졌다는 소식이 들려오지 않았다. 이렇듯 오늘날의 수많은 다리들은 강력한 태풍이나 지진에도 끄떡없이 잘 버티며 수십, 수백 만 대의 차량이 지나 다녀도 무너지지 않고 견고하게 서 있다. 그렇다면 다리들은 태풍의 강력한 비바람과 그 많은 차량의 무게를 어떻게 버티는 것일까?

여기에는 다리를 짓는 과정에서 적용된 수학이나 과학의 힘이 결정적인 역할을 하고 있다. 이에 신안의 천사대교와 한강의 다리를 중심으로 다리에 어떤 수학적, 과학적 원리가 숨어 있는지 살펴보기로 하자.


## 다리는 어떤 형식들이 있을까?

다리가 만들어지기 시작한 것은 선사시대부터이다. 그 당시에는 계곡을 건너기 위해 통나무나 덩굴을 이용하여 다리를 만들다가 도구가 발달하면서 돌을 다듬어 만드는 등 자연재료를 가공하여 만들기 시작했다. 그 후 메소포타미아와 이집트 문명이 발생하면서 돌을 이용한 아치교가 만들어지기 시작했다. 이것이 오늘날 다리의 기원으로 여겨지고 있다. 로마제국에서는 도로망을 건설할 때 아치교를 많이 이용하였다.

또 다른 다리 유형인 트러스교는 1570년 이탈리아 베네치아 공화국의 건축가인 안드레아 팔라디오[Andrea Palladio]가 삼각형 구조인 트러스를 이용하여 다리를 건설하는 아이디어를 제시하여 처음 고안되었다. 산업혁명을 거치면서 기술이 발전하고 철을 다리의 재료로 사용하게 됨에 따라 점차 다리의 길이가 길어졌

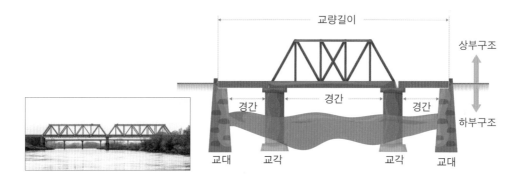

으며 이 과정에서 긴 다리를 건설할 때 주로 이용되는 현수교와 사장교가 생겨났다.

다리를 건설할 때는 어디에 가설하는지, 다리에 가해지는 하중을 어떻게 분산할 것인지 등의 조건에 따져 다리 형식을 정한다. 보통 다리는 상부구조와 이를 떠받치는 하부구조로 되어 있다.

상부구조는 교대, 교각 위에 있는 사람이나 차량을 지탱하는 거더와 다리 상판의 윗부분을 말한다. 한마디로 다리를 지나갈 때 우리 눈에 보이는 부분이라 할 수 있다. 반면 하부구조는 교량의 상부구조를 받쳐주는 기둥역할을 하는 것으로 상부구조에서 받는 힘을 땅으로 전달하는 역할을 한다.

다리는 보통 눈으로 쉽게 구별이 가능한 상부구조에 따라 유형을 분류하며, 거더교, 트러스교, 아치교, 라멘교, 현수교, 사장교 등으로 나뉜다. 이렇게 분류된 각 다리 형식에 대해 자세히 살펴보기로 하자.

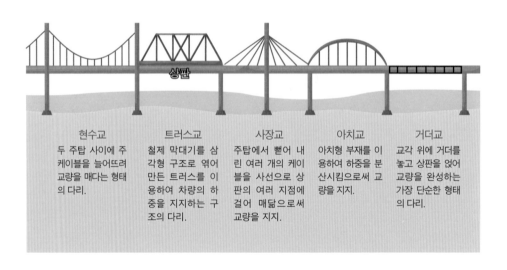

현수교
두 주탑 사이에 주 케이블을 늘어뜨려 교량을 매다는 형태의 다리.

트러스교
철제 막대기를 삼각형 구조로 엮어 만든 트러스를 이용하여 차량의 하중을 지지하는 구조의 다리.

사장교
주탑에서 뻗어 내린 여러 개의 케이블을 사선으로 상판의 여러 지점에 걸어 매닮으로써 교량을 지지.

아치교
아치형 부재를 이용하여 하중을 분산시킴으로써 교량을 지지.

거더교
교각 위에 거더를 놓고 상판을 얹어 교량을 완성하는 가장 단순한 형태의 다리.

| | | |
|---|---|---|
| **거더교**   |  천호대교. | 거더교는 아무런 구조물이 없는 다리다. 교각을 촘촘하게 세우고 나서 대들보(거더Girder)를 놓고 그 위에 상판을 얹어 건설한다. 교각이 촘촘하고 교각 사이의 간격이 좁고 높이가 낮아 선박이 자유롭게 지나다니기 힘든 구조이다.<br>한강 다리에서 대표적 거더교로는 한남대교, 반포대교, 마포대교, 양화대교, 천호대교 등이 있다. |
| **아치교** |  방화대교. | 아치교는 아치형 부재를 사용하여 만든 다리다. 아치형 부재가 다리에 미치는 힘(하중)을 분산시키는 역할을 해 가운데 두 기둥 사이의 길이가 긴 교량을 건설할 수 있다.<br>한강 다리에서 대표적 아치교로는 동작대교, 한강대교, 서강대교, 방화대교 등이 있다. |
| **트러스교** |  성산대교. | 트러스(Truss)란 주로 철제 막대기를 삼각형 구조로 엮어서 만든 것을 말한다. 트러스교는 이 트러스를 이용하여 하중을 지탱하도록 하는 구조의 다리다.<br>한강 다리에서 대표적 트러스교로는 성수대교, 동호대교, 성산대교 등이 있다. |
| **사장교** |  올림픽대교. | 사장교는 교량 사이사이에 크고 아름다운 탑(주탑)을 세운 뒤, 그 주탑에 케이블을 연결한 형태의 다리다. 주탑과 이어진 교각 간의 거리가 넓고 높이도 높아 선박 운행이 자유로우며 미관상으로도 매우 아름답다.<br>한강 다리에서 대표적 사장교로는 올림픽대교, 제2행주대교가 있다. |
| **현수교**  |  영종대교. | 두 개의 주탑 사이에 주케이블을 늘어뜨린 다음 교량을 케이블에 매다는 형태이다<br>주 탑 간의 거리가 가장 넓게 지을 수 있는 구조이다.<br>한강다리에서는 현수교를 찾아볼 수 없다. 우리나라의 대표적 현수교로는 영종대교, 천사대교, 이순신대교 등이 있다. |
| **라멘교** |  | 라멘교는 한마디로 통짜 교량이라고 할 수 있다. 교각과 상판을 하나로 일체화시켜 만드는 다리다. 형태의 특성상 크고 아름다운 다리에는 적절하지 않은 구조이다.<br>라멘교는 고속도로에서 많이 만나볼 수 있다. |

## 곡선이 아름다운 다리, 현수교

　멀리 떨어져 있는 두 섬을 연결한 천사대교는 국내 최초로 단일 교량에 사장교와 현수교를 동시에 배치한 복합 해상 교량이다. 먼저 유려한 곡선이 돋보이는 현수교에 대헤 알아보기로 하자.

　육지에서 신안의 섬으로 들어가기 위해서 천사대교를 건널 때 먼저 만나는 구간이 바로 현수교이다. 서울에서 인천공항을 갈 때 만나는 영종대교와 여수와 양양을 잇는 이순신대교 또한 우리나라의 대표적인 현수교에 해당한다.

　현수교를 자세히 살펴보면 촘촘하게 교각이 늘어서 있는 부분과 달리, 교각이 없는 중앙 부분에서 케이블이 다리 상판을 매달고 있는 것을 볼 수 있다. 직접 눈으로 보면서도 무거운 다리 상판이 케이블로 들려진 채 태풍의 강한 비바람을 거뜬히 이겨내고 안정되게 서 있다는 것이 그저 놀라울 뿐이다.

이순신 대교.

영종대교.

　현수교는 현수선을 이용하여 만든 다리에서 붙인 이름이다. 줄을 같은 높이의 두 곳에서 늘어뜨렸을 때 가운데에 자연스럽게 생기는 곡선을 **현수선**(매달린 줄)이라 한다. 현수선을 뜻하는 영어 'catenary'는 사슬을 뜻하는 라틴어 'catena'에서 유래했다. 빨랫줄이나 통행금지를 위한 쇠사슬, 두 전봇대 사이의 전깃줄이 그리는 곡선은 모두 현수선이다.

목걸이 현수선.

현수교의 다리 모양을 보면 긴 줄을 늘어뜨려 다리 상판을 매단 형태로 되어 있다. 현수교는 수천 년 전부터 덩굴과 밧줄의 형태로 아시아와 아프리카, 남아 메리카 전역에서 사용되어 왔다.

협곡을 가로지르거나 수심이 깊은 해협에 다리를 세울 때는 많은 교각을 설치하기가 쉽지 않다. 협곡 깊이며, 해협 수심이 적게는 수십, 많게는 수백 미터에 이르기 때문이다. 이런 곳을 건너기 위해 교각을 세워 다리를 건설하는 대신 생각해낸 방법이 바로 줄로 다리를 매달아 지지하는 것이었다. 이때 줄로 다리를 매다는 방식에 따라 현수교와 사장교로 나뉜다.

현수교는 긴 줄을 늘어뜨려 설계하는 탓에 곡선의 아름다움을 드러낼 수 있는 있음은 물론, 다리 상판을 줄로 매다는 구간인 중앙경간이 400m 이상의 장대교를 건설할 때 이용한다.

현수교에서 주로 사용되는 용어들은 다음과 같다. 앞으로 자주 사용되는 용어들이니 알아두기로 하자.

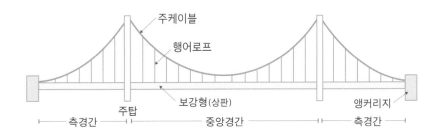

현수교는 행어로프가 다리 상판을 매달고 있어 주케이블이 힘을 받는 구조로, 바람의 영향을 많이 받아 바람이 세게 불면 흔들리기 쉽다.

천사대교의 현수교 구간 길이는 1750m로, 3개의 주탑이 각각 151m, 164m, 151m의 높이로 설치된 3주탑 구조이다. 일반적으로 현수교는 영종대교, 이순신대교와 같이 2주탑으로 건설하지만, 바람이 많이 부는 신안의 지역 특성에 따라 바람의 영향을 적게 받기 위해 천사대교 현수교는 3주탑으로 설계했다. 해협을 횡단하는 현수교 중 3주탑 현수교로는 천사대교가 세계 최초라 한다.

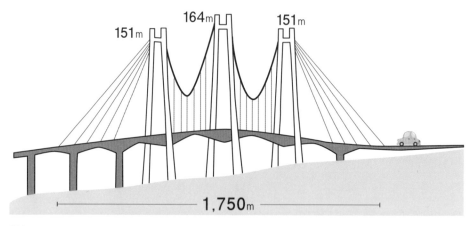

현수교.

천사대교는 중앙 주탑의 좌우로 천사의 날개 모양인 W 모양이 대칭을 이뤄 더욱 아름다운 모습을 자랑한다. 주탑과 주탑 사이의 중앙경간은 각각 650m이며 측경간은 각각 225m이다. 교각이 없는 중앙경간을 통해서 32만t급 초대형 원유운반선과 여객과 자동차를 싣고 운항하는 3000t급 카페리호가 안정적으로 통행할 수 있다.

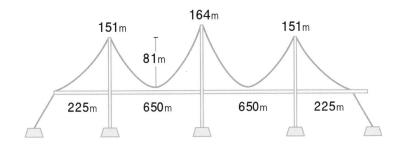

현수교는 주케이블을 고정하는 방법에 따라 타(他)정식과 자(自)정식으로 구분된다. 주케이블을 별도로 만든 앵커리지에 고정시키면 타정식 현수교라고 하며, 교량 상판과 교각에 직접 주케이블을 고정시키면 자정식 현수교라고 한다. 천사대교는 타정식 현수교인 반면, 인천공항을 갈 때 통과하는 영종대교는 자정식 현수교에 해당한다.

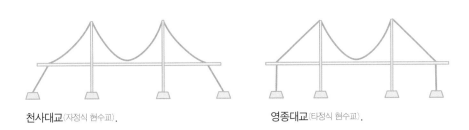

천사대교(자정식 현수교).　　　　　　　　영종대교(타정식 현수교).

### 현수선과 포물선은 같다?

현수선은 물리학과 기하학에서, **밀도가 균일하고 질량이 있는 사슬이나 케이블 따위가 양끝 부분만이 고정되어 사슬이나 케이블 자체 무게만으로 드리워져 있을 때** 나타나는 곡선이다. 이 경우에는 줄(케이블) 길이방향으로 등분포하중이 작용하게 된다.

그런데 그 모양을 무심코 보면 포물선과 매우 유사해 보인다. 갈릴레이도 그의 저서에서 이 늘어진 줄의 모양을 포물선이라고 주장할 정도였다. 천재 과학자가 혼동할 만큼 현수선과 포물선은 유사해 보이지만 분명히 서로 다른 곡선이다.

포물선은 줄(케이블)에 질량이 없다고 가정했을 때 수평 길이에 대하여 외력에 의해 균일하게 분포된 수직등분포 하중이 작용할 때 나타나는 모양을 말한다.

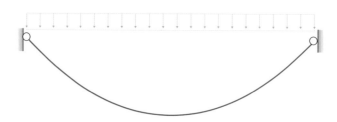

사실 아무런 설명없이 포물선과 현수선을 그려놓으면 혼동될 정도로 두 곡선의 모양은 큰 차이가 없다. 이러한 포물선과 현수선의 차이를 보다 잘 이해하기 위해 다음과 같은 네 가지 상황을 살펴보기로 하자.

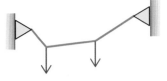

① 하중이 두 곳으로 집중된 경우

② 하중이 줄 전체에 불균등하게
작용된 경우(포물선이 아님)

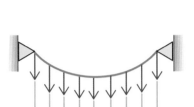

③ 하중이 줄 전체에 균등하게 작
용된 경우(포물선임)

④ 줄 자체의 무게만으로 늘어져 있
는 경우 (포물선이 아닌, 현수선임)

위의 네 가지 상황 중 현수선과 포물선의 정의에 따르면 그림 ③의 곡선은 포물선이 되며 그림 ④의 곡선은 현수선이 된다.

현수선을 수식으로 나타내면 $y = a\cosh\left(\dfrac{x}{a}\right)$ $\left(\text{단, } \cosh = \dfrac{e^x + e^{-x}}{2}\right)$ 이 된다. 종종 복잡한 어떤 함수들은 가장 간단한 다항함수로 근사시켜 변형하면 이해하는 데 도움이 된다. 어떤 함수식을 원점 근처에서의 다항식으로 근사시킨 것이 그 함수의 매클로린 급수이다. 현수선을 나타내는 식을 매클로린 급수로 나타내면 $a\left\{1 + \dfrac{x^2}{2a^2} + \dfrac{x^4}{24a^4} + \dfrac{x^6}{720a^6} + \cdots\right\}$ 이다. 이때, $a$의 값이 적당히 커서 4차항 이상이 실제 값에 거의 영향을 미치지 않는다면 이 식은 간단히 2차의 근사식 $a\cosh\left(\dfrac{x}{a}\right) \fallingdotseq a + \dfrac{x^2}{2a}$ 으로 표현할 수도 있다. 이것으로 보아 현수선

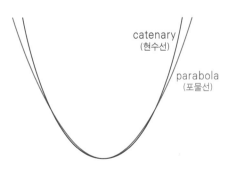

catenary
(현수선)

parabola
(포물선)

이 정확히 포물선은 아니며 포물선과 유사한 형태로 표현될 수 있음을 알 수 있다.

처진 중앙 부분(꼭짓점 부분)이 일치하도록 그래프를 그려보면 현수선은 아랫부분이 조금 더 납작하고 포물선은 약간 더 뾰족한 형상을 하고 있지만 그 차이가 미세하여 육안으로 두 곡선을 확연하게 구분하기는 다소 어렵다.

현수교의 경우에는 주케이블만 가설되어 있는 상태에서는 케이블 자체의 무게에 의해 현수선 형태를 나타내지만, 행어를 달고 보강형(상판)을 매달면 현수선과 포물선의 중간 형태를 나타내게 된다. 완전한 포물선이 되지는 않으며 케이블 자체의 무게가 있기 때문에 현수선의 형상과 포물선의 형상을 모두 가지고 있게 된다. 다만 케이블의 중량에 비해 매달리는 물건(상판)의 중량이 매우 클 경우에는 보다 포물선에 가까운 형상을 나타내게 된다.


## 현수교의 곡선미를 결정하는 새그

멀리서 보면 한옥의 지붕을 닮은 현수교는 주케이블이 처진 정도와 두 주탑 사이의 거리에 따라 전체적인 형상이 달라 보인다. 현수선의 모양은 두 주탑 사이에서 케이블이 처진 정도와 관계가 있다. 실제로 현수선을 만들 때, 실이 처진 수직 길이를 새그$^{sag}$라고 한다. sag는 원래 '푹 들어간 부분' 혹은 '푹 꺼지다'라는 뜻을 가진 명사 또는 동사이다. 새그는 실을 느슨하게 잡으면 커지고 양쪽으로 강하게 당기면 작아진다.

현수교의 경우, 케이블의 새그가 커 지나치게 처져 보이는 것도 바람직하지 않지만 처짐 현상을 작게 하기 위해 케이블을 양쪽으로 강하게 당겨 케이블 자체에 장력이 과다하게 주어지는 것도 문제가 된다. 이에 따라 두 주탑 사이의 거리 $l$에 대한 새그 $s$의 비, 즉 새그비 $n = \frac{s}{l}$로 적절한 케이블의 형상을 정하고 있다.

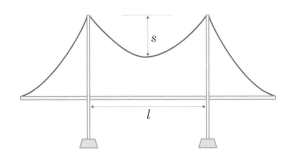

주로 $n$의 값은 타정식의 경우 $\frac{1}{9} \sim \frac{1}{12}$ (중앙 부분 처짐량이 작음), 자정식의 경우 $\frac{1}{5} \sim \frac{1}{6}$ (중앙 부분 처짐량이 큼) 정도로 한다. 천사대교의 현수교의 새그는 약 80m이고 주탑 간격이 650m이므로 새그비는 $\frac{80}{650} = \frac{1}{8}$ 정도 된다. 세계적인 교량 일본 아카시대교의 새그비는 $\frac{1}{10}$, 덴마크의 그레이트 벨트교는 $\frac{1}{9}$ 이다.

새그비는 교량의 형상을 결정할 뿐만 아니라 현수교의 공학적 특성과 경제성을 좌우하는 중요한 요소이다. 두 주탑 사이의 거리가 동일할 때, 새그비가 적을수록 케이블은 짧아서 경제적이지만 강성剛性은 적어진다.

한편 새그비가 클수록 케이블은 길어지고 상판을 끌어당기는 장력張力이 감소하는 반면 교량의 강성剛性은 커진다.

천사대교의 현수교는 세계적인 현수교들보다는 새그비가 약간 크다. 구조적으로 면밀하게 검토하여 채택한 최적의 새그비이지만 그래도 케이블이 상판을 강하게 끌어당기고 있다는 느낌이 덜하다. 대신 주탑에서 흘러내리는 케이블의 꼭짓점이 도로에 접할 정도로 깊은 곡선을 그리고 있어서 유려한 느낌이 든다.

교량을 건설하려고 할 때 새그비가 설정되면, 두 주탑 사이의 간격에 따라 주탑의 높이를 정할 수 있다. 이를테면 현수교 케이블의 중앙부(최하단부)가 해면으로부터 80m의 높이에 있는 것으로 하고, 새그비를 $n = \frac{1}{9}$로 할 때, 새그가 $\frac{l}{9}$($l$: 두 주탑 사이의 거리)이므로 **주탑 높이** $h = \frac{l}{9} + 80(\mathrm{m})$가 된다.

한편 현수교에서 주탑 사이의 거리는 교량의 길이를 가늠하는 척도가 되기도 한다. 보통 타정식의 경우에 그 거리는 500~3000m가 적정하며, 자정식의 경우에는 250~350m가 적정하다. 천사대교의 현수교는 타정식으로 두 주탑 사이의 거리가 650m이다.

주경간과 측경간(주탑과 앵커리지 사이의 거리)과의 비율 또한 현수교의 형상에 영향을 미친다. 측경간의 중앙경간에 대한 비율 $\frac{측경간}{중앙경간}$인데 경제성과 하중을 고려하면 0.3~0.5 정도가 합리적이라 한다. 천사대교의 현수교는 측경간이 225m이니 그 비율은 $\frac{225}{650} \fallingdotseq 0.35$가 된다. 세계적 명교가 공통적으로 지니고 있는 교량의 미학적 균형미를 천사대교 현수교도 따르고 있다는 것을 알 수 있다.

## 사장교

### 좌우대칭 사선이 만드는 다리, 사장

천사대교에서 암태도 쪽에 건설된 구간은 사장교<sup>Cable Styed Bridge</sup>이다. 사장교는 마치 양팔을 뻗어 교량을 붙들고 있는 것인 양 주탑에 연결된 케이블이 교량을 직접 지탱하는 형태로, 멀리서 보면 직선으로 뻗은 케이블이 주탑을 중심으로 좌우대칭인 삼각형 모양을 하고 있다.

천사대교는 그 길이가 1004m이다. 아마도 그 이유는 짐작이 될 것이다. 주탑은 각각 195m, 135m로 높이가 다른 **세계 최대 고저주탑 사장교**로 건설되었다.

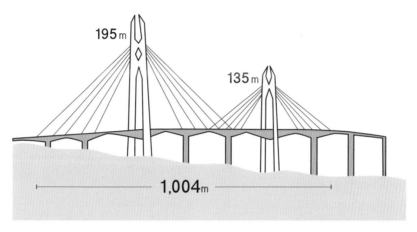

사장교.

인천공항으로 가기 위해 건너는 인천대교 또한 우리나라의 대표적인 사장교이다. 전체 구간 길이로 따질 때 세계에서 일곱 번째로 길지만 사장교 구간만 따지면 전 세계에서 다섯 손가락 안에 든다.

인천대교.

사장교는 현수교와 마찬가지로 줄로 매달아 다리를 지지하고 있지만 현수선과 같은 곡선은 보이지 않는다. 줄을 수직이 아닌 사선으로 엇비슷하게 매달았다는 뜻에서 사장교라 부르며, 밑에서 교량 상판을 받치는 교각을 세우기 힘든 곳에 다리를 짓기 위해 개발된 것이다.

사장교는 교각 위에 세운, 높이 솟아오른 주탑에서 뻗어 내린 여러 개의 케이블을 상판의 여러 지점에 걸어 매닮으로써 교량을 지지한다. 케이블이 교량을 직접 당기는 형식으로 이때 케이블은 주탑에서 힘을 받는다.

여러 개의 교각을 설치하기 어려운 곳에서 그림과 같이 케이블을 사용하면 교각의 수를 줄일 수 있으며 휘어질 위험이 적은 굵고 견고한 한두 개의 기둥으로 응력*을 모을 수 있다.

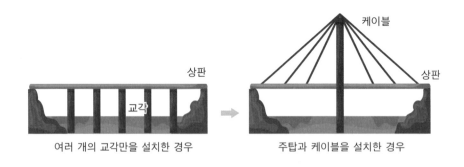

여러 개의 교각만을 설치한 경우        주탑과 케이블을 설치한 경우

이에 따라 사장교는 주탑 외에는 교량 아래에 다리를 지탱하는 교각을 두지 않아도 된다. 이것이 바로 사장교를 건설하는 이유라고 할 수 있다.

항해 구간에 교각이 많으면 배가 다리에 충돌할 위험이 커지게 된다. 따라서

---

* 응력이란 재료에 압축, 인장, 굽힘, 비틀림 등의 하중(외력)을 가했을 때, 그 크기에 대응하여 재료 내에 생기는 저항력을 말한다.

다리 아래 공간을 넓힘으로써 교각이 없는 사장교 구간은 배가 드나드는 관문이 된다. 이와 같이 폭이 넓은 강이나 깊은 계곡을 넘어가야 하는 구간 등 교각을 세우기가 어려운 곳에 사장교가 쓰인다. 현수교, 사장교와 같은 장대교량에서는 중앙경간을 길게 하는 능력을 경쟁력으로 여기기도 한다.

천사대교의 195m 높이의 주탑은 아파트 60층 높이에 해당할 정도로 매우 높으며, 주탑 상부의 마름모 디자인은 신안의 다이아몬드 제도를 본따 나타낸 것이다. 신안의 자은도-안

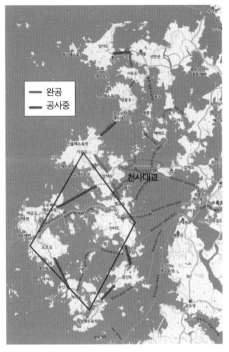

신안 다이아몬드.

좌도-장산도-신의도-도초도-비금도를 하나로 연결하면 마름모꼴이라 이 영역을 신안 다이아몬드 제도라 부른다.


## 사장교의 케이블에 작용하는 힘

사장교는 차량이 지나가는 상판, 상판을 들어 매는 케이블, 케이블을 지지하는 주탑으로 구성되어 있다. 경사지게 설치된 케이블은 주탑과 다리 상판을 직접 연결하고 있다. 사장교는 주탑에 케이블을 어떻게 연결하느냐에 따라서 방사형, 하프형, 부채형으로 나뉜다.

방사형          하프형          팬(부채)형

사장교에서 다리 상판의 무게 및 지나다니는 차량으로 인해 상판에 하중이 가해지면 케이블에는 인장력이라는 힘이 생기며 상판의 수평방향으로는 압축력이 생기는 등 여러 힘들이 발생하지만, 매순간 힘의 평형을 이루며 무너지지 않고 안정되게 서 있다. 어떻게 힘의 평형을 이루는 것일까? 이를 알아보기 위해, 여기서 잠깐 일반적인 힘의 평형상태에 대해 먼저 알아보기로 하자.

일반적으로 힘은 2개 이상의 힘이 합해져 합력이 생기기도 하지만, 1개의 힘이 여러 개의 힘인 분력으로 분산되기도 한다.

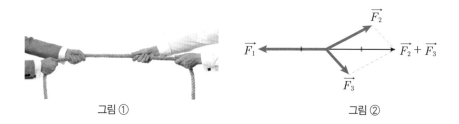

이 합력과 분력을 이용하면 일직선상에 있지 않은 크기가 다른 세 힘에 대해 힘의 평형상태를 이루는 것에 대해 설명할 수 있다. 그림 ①과 같이 줄다리기를 할 때처럼 일직선상의 양쪽에서 당기는 힘의 크기가 같을 경우에는 평형상태가 되지만, 그림 ②와 같이 일직선상이 아닌 세 방향에서 당길 경우에는 한 개의 힘이 나머지 두 개의 합력과 같아야 평형상태가 된다.

그림 ①                    그림 ②

사장교에서 상판에 발생한 하중으로 인해 케이블에 발생한 인장력은 수평과 수직방향으로의 분력이 생기게 된다. 각 케이블의 수직방향의 힘은 상판을 들어 올리는 데 쓰이고 수평방향의 힘은 주탑으로 전달되어 누적된다. 주탑에 전달된 이 힘은 견고한 지반에 안전하게 전달된다.

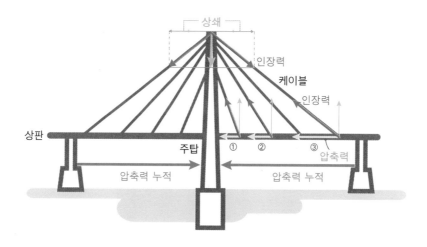

사장교는 앞서 소개한 교량 형식들보다는 훨씬 긴 경간의 길이를 낼 수 있지만, 케이블의 수평분력으로 인해 상판이 압축을 받아야 하는 이유로 경간의 길이에 대해 한계는 존재한다.

세계 최장 사장교는 러시아 러스키아일랜드교$^{Russky\ island\ Bridge}$로 중앙경간의 길이가 1104m에 이르며, 국내 최장 사장교는 인천대교로 중앙경간의 길이가 800m에 달하고 천사대교 사장교의 중앙경간의 길이는 510m이다.

# 압축력과 인장력

인장과 압축은 구조를 설명할 때 매우 중요한 요소에 해당한다. 사장교의 안정된 구조를 설명할 때도 인장과 압축을 이용하여 설명할 수 있다.

압축력(compression)은 물건에 작용하여 길이가 짧아지거나 압박하도록 작용하는 힘을 말하며, 인장력(tension)은 물건에 작용하여 길이가 길어지거나 확장되도록 작용하는 힘을 말한다.

예를 들어 스프링의 양 끝을 누르면 스프링은 압축되어 짧아지게 되는데 이때 스프링은 압축 상태에 있다고 말한다. 또 스프링의 양 끝을 잡아당기면 스프링은 길게 늘어나게 되는데, 이때 스프링은 인장 상태에 있거나 잡아당겨진다고 말한다.

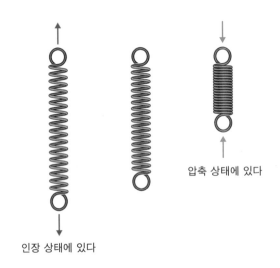

인장 상태에 있다

압축 상태에 있다

일반적으로 현수교, 사장교, 아치 등의 모든 구조물은 언제나 인장 상태나 압축 상태에 있다. 인장과 압축이 어떻게 작용하고 있는지 이해하게 되면 현수교, 사장교 등의 교량이 무너지지 않고 안정되게 서 있는 이유를 알 수 있다.

## 트러스교

### 삼각형들이 안전을 책임지는 트러스교

다리가 뚝 끊어지거나 붕괴하는 일은 영화에서나 나오는 일이라고 생각할지 모르지만, 실제로 한강 다리가 무너진 일이 있다. 1994년에 일어난 성수대교 붕괴 사건이 바로 그것이다.

1994년 등굣길, 출근길 시민 32명의 목숨을 앗아간 성수대교는 게르버트러스교였다. 교각 10번과 교각 11번 사이 부분이 무너져 나간 건 이음새의 용접이 허술해 트러스가 제대로 연결되지 않았고 연결부도 부식되어 있었기 때문이었다. 이후 1995~1997년 다시 건설된 성수대교는 종전과 같은 트러스교이지만 자재뿐 아니라 구조적으로도 종전의 다리에 비해 대폭 개선하여 건설되었다.

성수대교.

성수대교를 옆에서 보면 삼각형 철골들이 촘촘하게 짜여 다리 상판을 지지하고 있는 것을 볼 수 있다.

여러 개의 철재나 목재를 삼각형 그물 모양으로 배열하여 하중을 지탱하는 구조를 **트러스 구조**Truss structure라고 한다. 트러스교는 삼각형으로 만들어진 철재 트러스 구조를 이용하여 교량이나 차량의 하중을 지지하는 교량이다. 흔히 '철교'라고도 불리는데, 구조상 삼각형 뼈대 부재가 많이 노출될 수밖에 없고, 철근을 많이 사용하기 때문이다.

다음 그림과 같이 다양한 모양의 트러스를 만들어 활용할 수 있다.

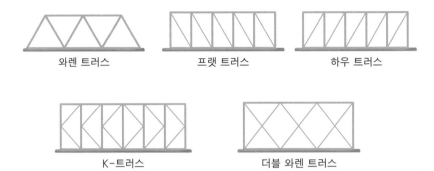

와렌 트러스     프랫 트러스     하우 트러스

K-트러스       더블 와렌 트러스

또 트러스를 다리의 위나 아래에 설치할 수도 있다. 트러스를 다리 상판 아래에 설치하면 상로교, 다리 상판 위에 설치하면 하로교라 한다.

상로교         하로교

성수대교.            동호대교.

트러스교는 1570년 이탈리아의 건축가 안드레아 팔라디오가 트러스 구조를 발명함으로써 건설되기 시작했다. 트러스교는 철재를 삼각형 모양으로 배치함으로써 이전의 다리들에 비해 다리 자체의 무게를 줄이는 것은 물론, 부재들 사이로 바람을 통하게 하여 바람이 미치는 영향을 줄임으로써 교각들 사이의 지간을 늘리는 역할도 했다.

### 트러스교의 힘의 분산

트러스교는 구조재를 삼각형으로 만든 뒤, 그 삼각형들을 나열해 힘을 분산한다. 아래 그림처럼 누르는 힘, 압축력, 잡아당기는 힘, 인장력 등 여러 힘의 방향과 강도를 비롯한 여러 조건들을 계산해 만드는 복잡한 구조이다.

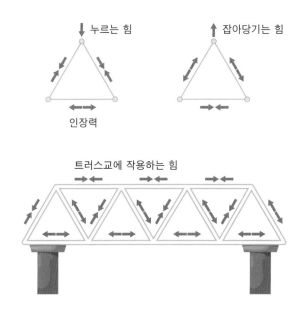

이에 따라 트러스교 역시 매우 안정적인 구조지만, 이음새가 어긋나 있으면

가장 무너지기 쉬운 구조이기도 하다.

세 변의 길이가 주어진 삼각형과 네 변의 길이가 주어진 사각형을 만들어 보았을 때, 삼각형과 사각형의 여러 면에 힘을 주면 삼각형의 모양은 변함이 없지만, 사각형은 여러 면에 힘을 줄 때마다 모양이 변하는 것을 알 수 있다.

이를 통해 사각형보다 삼각형이 더 안정성이 있다는 것을 알 수 있고, 삼각형의 세 변의 길이가 주어지면 삼각형이 결정된다는 삼각형의 결정조건을 설명할 수 있다.

그렇다면 네 변의 길이가 주어진 사각형이 결정되기 위해서는 어떠한 조건이 더 필요할까?

한 가지 방법은 한 대각선의 길이가 더 주어지면 된다. 예를 들어, 대각선 $\overline{AC}$가 더 주어지면, △ABC와 △ACD는 세 변의 길이가 주어진 삼각형이 되어 그 형태가 결정된다.

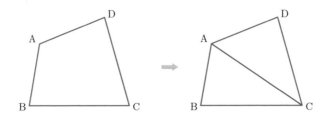

또 한 가지 방법은 한 내각의 크기가 추가로 주어지면 된다. 예를 들어, ∠B

의 크기가 더 주어지면, △ABC는 두 변의 길이와 그 끼인각의 크기가 주어졌
으므로 삼각형이 결정되어 $\overline{AC}$의 길이도 결정된다. 따라서 △ACD도 결정이
되어 사각형의 형태가 결정된다.

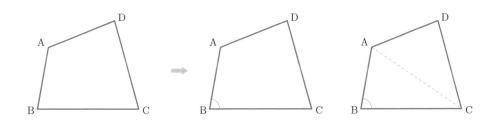

## 아치교

### 우아한 곡선미를 자랑하는 아치교

한강의 다리 중 비행기의 이착륙을 형상화한 디자인으로 미관이 뛰어난 다리
가 있다. 바로 방화대교이다. 중앙 부분이 아치 트러스교인 방화대교는 그 길이
가 2.5km로 한강을 넘는 교량 중 제일 길다.

방화대교.

곡선의 아름다움을 자랑하는 아치교는 아치 작용을 이용한 교량이다. 아치교 역시 교각을 적게 만들면서도 다리 상판을 견고하게 지지하는 형상이다. 아치를 다리의 위나 아래에 설치할 수 있는데, 다리 상판 아래에 설치한 것을 상로아치교, 다리 상판 위에 설치된 것을 하로아치교라 한다.

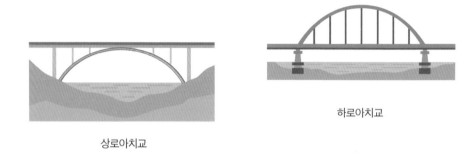

하로아치교

상로아치교

아치교는 메소포타미아 문명이나 이집트 문명에서 만들어진 것으로 그 역사가 매우 길다. 신석기 시대에 돌로 기둥을 만들고 그 위에 긴 돌판을 놓아 다리를 만들었지만 기둥 역시 돌로 만들기 때문에 기둥을 세우는 것도 만만치 않은 일이었다. 때문에 기둥을 적게 만들면서도 돌판의 무게를 버티는 기술이 필요하게 되었다. 또 기둥 위에 돌판을 얹는 다리는 물이 깊거나 넓은 계곡에는 설치하기 어려웠다. 기둥을 높게 세우기 힘들 뿐더러 돌판도 얹기가 매우 힘들기 때문이다. 그래서 돌기둥을 놓는 대신 돌을 곡선 형태로 차곡차곡 쌓는 아치교를 만들기 시작했다.

초창기에 만든 석조 아치교를 살펴보면 반원 모양의 아치가 많다. 이것은 곧 아치 아래의 폭과 아치 높이의 비율이 2.0에 가깝다는 뜻이다.

$$\frac{\text{아치 아래의 폭}}{\text{아치의 높이}} = \frac{2}{1} = 2$$

우리나라에서 만든 아치교 또한 오래된 것은 아치가 반원에 가까운 모양이 많다. 대표적으로 전남 순천에 있는 선암사 앞 승선교의 아치를 들 수 있다. 아치가 시작하는 양 끝의 거리는 9.1m, 아치의 높이는 4.7m로 원을 절반으로 잘라놓은 듯하다. 승선교의 비율은 $1.94\left(=\frac{9.1}{4.7}\right)$이다. 이러한 아치교는 안정적일 뿐만 아니라, 보기에도 매우 아름답다.

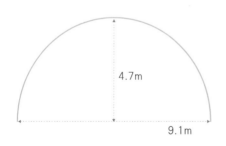 

특히 로마제국에서는 도로망을 조성하면서 초기 형태의 아치교를 많이 만들었다. 하지만 중세에 들어 아름다움을 추구하고 구조적 설계를 시작하면서 다리의 폭이 넓은 아치교가 등장하기 시작했다. 그런데 모양을 유지하면서 다리의 폭을 넓히기 위해서는 높이가 함께 높아지는 문제가 발생했다.

1800년대 이후에는 아치교의 대부분을 돌 대신 철로 만들었다. 철은 돌보다 가볍고 튼튼해서 아치의 폭을 충분히 넓힐 수 있다. 최근에는 기술보다 곡선의 아름다움을 드러내기 위해 아치교를 짓는 경우가 많다. 아치교는 현수교와 사장교 다음으로 중앙경간의 길이를 길게 만들 수 있다. 1977년 미국 뉴리버 강에는 차가 다니는 아치교로는 세계에서 가장 긴 다리가 놓였다. 트러스 구조의 아치를 만들어 기둥 사이의 거리가 무려 518m다.

## 아치교가 견고한 이유

아치교는 현수교의 곡선미 못지않은 아름답고 균형 잡힌 곡선미를 가지고 있다. 이 아치교에는 어떤 비밀이 숨어 있는지 알아보도록 하자.

차량이 아치교를 지나갈 때 안정성이 뛰어난 견고한 구조라는 느낌이 드는 것은 아치교가 아마도 아치교 자체의 하중이나 차량으로 인한 하중을 견딜 수 있는 능력을 갖추고 있다고 믿기 때문일 것이다. 교량들 중 아치교는 하중을 분산시켜 안정성을 추구하는 것으로 알려져 있다.

이에 힘의 분산에 대해 먼저 알아보기로 하자.

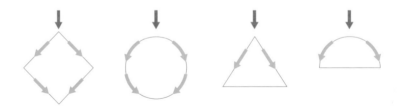

그림과 같이 원 위의 한 점에서 중심방향으로 힘이 가해지면 이 힘은 지름 반대편 점에 모이게 되어 힘이 분산되지 않고 오히려 한 곳으로 몰리는 현상이 발생하여 구조적으로 변형이 일어나게 된다. 사각형의 경우에도 한 꼭짓점에 힘이 가해지면 대각선 방향의 꼭짓점에 힘이 몰리게 되어 구조적으로 변형이

일어나 안정성을 보장할 수 없다.

이에 반해 사각형을 대각선으로 잘라 삼각형을 만들거나 원을 절반으로 자른 반원형인 경우에는 삼각형의 꼭짓점과 반원 위의 한 점에 힘이 가해지면 힘의 분산이 이루어지며, 분산된 힘이 양쪽으로 고르게 전달되기 때문에 안정성이 높아진다.

이와 같은 힘의 분산을 잘 활용한 것이 바로 아치 구조이다. 아치 구조에서 아치의 양 끝이 움직이면 아치 작용을 발휘할 수 없으므로 보통은 암반과 같은 견고한 지반에 설치한다.

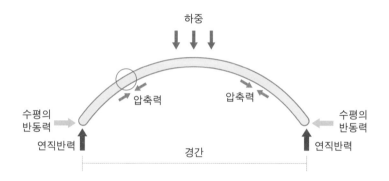

위 그림과 같이 중력 방향으로 아치 구조에 힘(하중)이 가해지면 양쪽 두 방향으로 분산된다. 아치구조가 땅을 누르는 순간 땅은 반작용으로 연직반력을 아치구조에 가하게 되어 아치 자체는 압축력을 받는다. 또 양쪽으로 분산된 하중으로 인해 아치의 양 끝이 바깥쪽으로 벌어지려고 하지만 이것을 지지하는 지반이 움직이지 않도록 고정시킨 채 수평 반동력을 작용하게 된다.

아치교는 다리 상판에 작용하는 자동차의 하중을 행거 또는 기둥을 이용하여 가능하면 등분포하게 아치리브에 전달하고, 이 아치리브를 통하여 지반으로 전달케 하는 구조 체계를 갖고 있다. 아치에 하중이 가해질 때 연직 반력, 수평반동력, 압축력 등 여러 가지 힘이 서로 평형 상태를 유지할 때 아치가 무너지지 않고 제대로 된 다리 역할을 하게 된다.

## 수학실험 1

# 달걀 껍데기에 숨겨진 힘의 비밀은 바로~

준비물 : 달걀 껍데기 4개, 투명 테이프, 칼, 사포, 네임펜, 여러 권의 책, 저울

❶ 달걀 껍데기의 중간을 네임펜으로 표시한다. 네임펜으로 표시한 선을 따라 투명 테이프를 붙인다.

❷ 달걀 껍데기에 표시된 선까지 칼과 손으로 조심해서 잘라낸다. 잘라낸 면이 울퉁불퉁하므로 사포를 이용해 잘린 부분을 매끈하게 다듬는다.

❸ 같은 방법으로 달걀 껍데기 3개를 더 만들어 저울 위, 또는 평평한 곳에 놓고 각각의 높이가 같은지 점검한다. 달걀 위에 책을 한 권씩 올리며 몇 권이나 올라가는지 세어보고 무게를 재어본다.

아치구조는 달걀 껍데기가 단단하지 않음에도 곧잘 버틸 수 있는 원리이다.

# 종이 두 장으로 1.4Kg을 떠받친다?
## 트러스아치 종이공작

실험 준비물 : A4종이 2장, 나무젓가락 3쌍, 가위, 자, 연필

## 3. 실험방법

❶ 2장의 복사 종이(A4 크기)를 각각 가로 6등분, 세로 8등분의 칸을 만들고 대각
선을 그어 마름모 모양을 만든다.

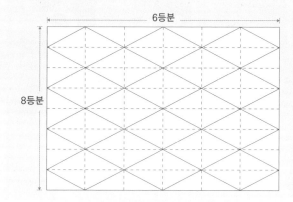

❷ 가로선(점선)을 선에 맞게 반대방향으로 접는다. 가로선(점선은) 대각선(실선) 방
향과 반대로 접어야 하며 뚜렷하게 접되 찢어지지 않게 조심한다.

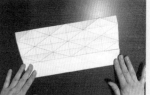

❸ 모든 대각선(실선)을 같은
방향으로 정확하게 접는다.
선이 보이는 방향으로 접으
며 접은 지점의 윤곽이 뚜
렷해야 나중에 잘 접힌다.

❹ 전체를 가볍게 구부려 골이 위에 가도록 정리한 후, 끝에서부터 점선은 아래로
(골 부분이 아래로) 가도록, 실선은 위로 가도록(마루 부분은 위로 가도록) 천천히 접
어나간다.

❺ 모두 접은 두 장을 이어 놓고 그 위에 나무젓가락을 쪼개 6개를 올린다.

❻ 그 위에 책을 올려놓으며 어느 정도의 무게를 지탱하는지 살펴본다.

## 가장 자연스럽고 안정적인 아치 : 현수선 아치

17세기에 영국 물리학자이자 화학자, 천문학자인 로버트 후크Robert Hooke, 1634~1703는 현수선의 특이한 역학적 성질을 발견했다. 독립적인 아치 구조 중 가장 안정적인 형태가 바로 현수선의 위아래를 뒤집은 것이라는 것이다.

로버트 후크.

쇠사슬의 양 끝을 같은 높이에 있는 고리에 고정하고 쇠사슬을 아래로 늘어뜨리면 자체의 무게에 의해 쇠사슬은 현수선을 그리게 된다. 이때 매달린 쇠사슬에서는 곡선 형태의 선을 따라 사슬을 건 고리에서 온 장력이 작용하며, 이 장력과 아래로 잡아당기는 중력은 완벽한 균형을 이룬다.

현수선의 위아래를 그대로 뒤집으면 현수선은 아치를 그리게 된다. 위아래가 뒤집힌 쇠사슬 아치에 작용하는 장력은 압축력으로 바뀌며, 이 힘도 현수선 모양의 아치의 선을 따라 작용한다. 뒤집힌 현수선 모양의 아치는 그 내부의 모든 압축력이 아치의 선을 따라 작용하는 유일한 아치이다. 때문에 현수선 모양의 아치에서는 아치를 변형시키는 힘이 발생하지 않는다. 따라서 그 모양을 유지하기 위해 따로 보강재나 버팀목이 필요하지 않다. 한마디로 줄을 늘어뜨리면 유연한 현수선을 나타내지만 그 형태를 그대로 뒤집으면 매우 견고하고 안정감 있는 아치가 만들어진다는 것을 알 수 있다.

현수선 아치는 최소한의 건축 자재로 만들어도 제 형태를 굳건히 유지할 것이므로 재료를 최소량만 사용해도 된다. 벽돌로 현수선 아치를 만들 경우에도 시멘트 등의 접합재도 필요하지 않을 것이다. 왜냐하면 현수선 아치를 따라 벽돌들이 서로를 밀어냄으로써 단단히 고정시킬 것이기 때문이다.

이 현수선 아치를 처음 적용하여 건축한 건물이 바로 런던 시내 중심부에 위

치한 세인트 폴 대성당<sup>St. Paul Cathedral</sup>이
다. 1666년에 일어난 런던 대화재로
큰 손상을 입은 성당을 헐고 다시 짓
는 과정에서 현수선 아치의 아이디어
를 적용했다. 성당의 설계 및 건축은
건축가이자 수학자인 크리스토퍼 렌
Christopher Wren이 책임을 맡았다.

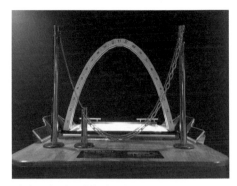

전시물 명: 현수아치 만들기
전시물 제작: 영진아트텍 yjinartech.cafe24.com
설치장소: KIST 강릉분원 나눔과학관

로마의 판테온처럼 거대한 돔이 있
는 웅장한 성당을 건축하고자 했던
렌은 돔을 완성하기 위해 동료 건축가인 로버트 후크의 도움을 받았다.

세인트 폴 대성당 왼쪽부터 차례대로 정면, 측면, 위에서 바라 본 모습.

돔은 3중 구조로 설계되었다. 돔의 가장 안쪽에는 벽돌을 쌓아올린 돔이 위치해 있고, 그 위에 세운 채광탑을 지탱하기 위해 벽돌을 쌓아 현수선 아치의 볼트를 만들었으며, 그 위에 채광용 랜턴을 올린 다음 볼트 옆에는 목조 트러스를 세워 외부 돔의 형상을 만들고 납으로 마감하여 방수 처리했다. 현수선 아치의 볼트와 외부 돔 사이에 목조 트러스를 설치한 것은 돔의 무게를 줄이기 위함이었다.

돔을 안정적으로 설계하기 위한 최적의 곡선을 고민하던 렌이 현수선 아치의 볼트를 설치한 것은 무게를 분산시켜 기둥이 없이도 안정적인 구조를 만들 수 있기 때문이었다. 이런 장점을 가지고 있는 현수선 아치를 발견한 후크가 렌에게 조언해 돔을 완성하는 데 현수선 아치 볼트를 적용하게 되었던 것이다.

다만 당시에는 이 현수선의 수학적 수치를 측정하는 것이 어려웠고, 수학자였던 렌은 3차함수 $y=x^3$의 그래프에서 수치를 따왔다. 이는 이상적인 현수선의 수치에 근접한 것이었지만 정확한 방정식은 후대에 발견되었다. 하지만 대성당의 돔이 기둥 없는 구조에서 6만 5천 톤의 무게를 견디고 있는 것이 수학적 도움을 받았다는 사실은 인정하지 않을 수 없다.

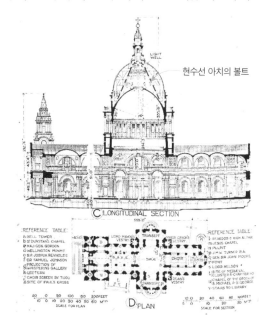

현수선 아치의 볼트

제 **4** 장

안전을 위한

# 도로교통
# 수학

도로는 도시계획에 따라 건설되지만 그 안에는 문화, 사회, 교통, 철학 그리고 일상의 편리함을 모두 담은 종합 예술에 가깝다.

# 수학이 정교하게 적용된 일상의 편리함, 도로

출발~~ 설레는 마음으로 떠나는 가족여행! 룰루랄라~ 집을 나서는 순간부터 보도를 걷고 신호등 신호에 따라 횡단보도를 건너는가 하면, 자동차를 타고 사방팔방 뚫려 있는 편리한 도로를 따라 목적지까지 가게 된다. 어디를 가든지 도로를 벗어날 수 없으며, 교통의 편리함을 마음껏 이용하게 된다. 안전을 위해서는 통제도 받게 된다. 집을 구할 때도 교통의 편리함은 매우 중요한 요소이다.

이렇듯 우리 일상에서 도로는 꼭 필요하지만 사실 우리는 도로에 대해 별로 아는 것이 없다. 그런데 이 도로에는 수학, 과학, 인문학, 사회학이 담겨 있다.

오랜 인류 역사와 함께 발전해온 도로, 그 안에 숨은 수학으로는 어떤 것들이 있을까?

## 속도위반 탐정, 과속단속카메라

고속도로에서 쌩쌩 달리던 차량들이 약속이나 한 듯 갑자기 브레이크를 밟는다. 과속단속카메라가 있다는 팻말이 보이거나 내비게이션의 음성도우미가 몇백 미터 앞에 있는 단속카메라의 위치를 알려준 탓이다. 카메라가 있는 지점을 지날 때 모든 차량들은 브레이크를 밟아 규정 속도 이하로 속도를 낮춘다. 이 순간 과속단속카메라는 무용지물이 된다.

높은 곳에 설치되어 있는 과속단속카메라는 도로를 주행하는 수많은 차량들을 감시하고, 규정 속도를 위반하는 차량을 칼같이 찾아내 사진을 찍어 과태료 통지서를 날려보낼 정보를 제공한다. 과속단속카메라는 어떻게 빠른 속도로 달리는 차량들의 주행속도를 감시할 수 있는 것일까?

도로에 설치되어 있는 과속단속카메라의 종류는 크게 고정식 과속단속카메라와 이동식 과속단속카메라 두 가지로 나눌 수 있다.

특정지점에 붙박이식으로 설치되어 있는 **고정식 과속단속카메라**는 카메라로 속도를 측정하는 것이 아니라 도로 바닥에 설치되어 있는 센서를 이용하여 측정

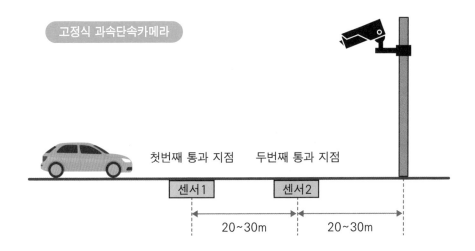

한다.

고정식 과속단속카메라가 설치된 도로에는 카메라 앞쪽의 도로면에 두 개의 센서가 설치되어 있다. 첫 번째 센서는 보통 카메라 앞 약 40~60m 에, 두 번째 센서는 약 20~30m 앞 에 설치되어 있다. 차량이 이 두 개의

고정식 과속단속카메라.

센서를 통과할 때 걸리는 시간을 통해 차량의 속도를 측정하게 된다. 속도는 $\frac{거리}{시간}$ 라는 간단한 식을 통해 쉽게 계산할 수 있다.

도로 바닥에 센서를 설치하여 차량의 속도를 측정하는 고정식 과속단속카메 라와는 달리, 위치를 이동하며 측정할 수 있는 **이동식 과속단속카메라**는 별도의 센서 없이 권총 모양으로 생긴 스피드건을 통해 지나가는 차량의 속도를 측정 한다.

이동식 과속단속카메라는 '도플러효과' 원리를 이용한다. 소방차나 응급차가 다가올 때 들리는 소리와 멀어질 때 들리는 소리가 다른 이유도 바로 이 도플 러효과 때문이다.

이동식 과속단속카메라.

소리나 빛, 레이더의 파동은 각기 다른 고유한 파장과 진동수를 가지고 있지만 파동의 근원과 관측자 사이가 가까워지면 파장이 짧아지고, 멀어지면 파장이 길어지는 특성을 가지고 있다. 때문에 스피드건으로 다가오는 자동차를 향해 빛이나 레이더를 발사하고 다시 반사되어 되돌아오는 파장을 감지하면 돌아온 파동은 도플러효과 때문에 처음 발사한 레이더파보다 파장은 짧아지고 주파수는 더 커지게 된다. 이러한 변화의 정도는 물체가 움직이는 속도에 의해 결정된다고 한다.

기차가 다가올 때 파장이 짧아지고 높은 소리가 들린다.

기차가 멀어질 때 파장이 길어지고 낮은 소리가 들린다.

　지나가는 자동차의 속도는 이러한 파동의 변화를 감지해 측정된다. TV의 야구 중계화면에서 종종 볼 수 있는, 투수가 던진 공의 속도를 측정하는 원리도 바로 이 도플러효과를 이용하는 것이다.

특정지점에만 고정식 단속카메라를 설치하는 경우, 이 지점만 지나면 다시 차량들은 속도를 높여 달리기 시작한다. 때문에 과속카메라를 설치하기 어려운 교량이나 터널에서는 과속으로 인한 위험이 뒤따를 수 있다. 이렇게 특정지점에 설치된 과속단속카메라의 단점을 보완하기 위해 구간에 걸쳐 과속단속을 하는 구간단속 시스템이 도입되었다.

최근 고속도로 등에 많이 도입되고 있는 **구간과속단속카메라**는 단속구간 초입에 차량이 진입한 시간을 측정하고 단속구간이 끝나는 곳에서 차량이 나오는 데 걸리는 시간을 측정해 일정구간 차량의 평균속도를 측정한다. 역시 속도 $= \frac{거리}{시간}$ 라는 간단한 공식으로 일정구간 차량의 평균속도를 계산해 과속 여부를 판단하게 된다.

$$구간\ 평균속도 = \frac{A와\ B지점\ 구간\ 간의\ 거리}{B지점\ 단속\ 시간 - A지점\ 단속\ 시간}$$

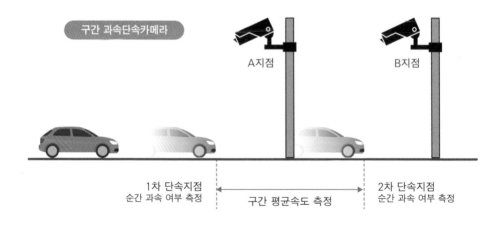

예를 들어 차령터널에서 단속한다면 차령터널이 시작되는 곳과 끝나는 곳에서 각각 차량의 번호와 통과시각을 측정한다. 그리고 이 구간의 평균 속도를

계산해 제한속도보다 높게 나오는 차량을 단속하는 것이다. 즉, 제한된 속도로 운행했을 때의 계산된 운행시간보다 통과된 운행시간이 짧았을 때 단속대상이 되는 것이다. 제한속도를 지킨다면 5분이 걸려야 하는데 4분만에 터널을 통과했다면 이는 중간에 제한 속도를 높여 과속을 했다는 것이 된다.

그렇다면 잠시 깜짝 질문! 구간단속의 경우에는 구간평균속도규정만 어기면 과속으로 단속이 되는 걸까?

그렇지 않다. 구간단속 시스템에서는 ① 시작 지점의 속도 ② 단속 구간 내 평균속도 ③ 종료 지점의 속도, 이렇게 총 3번의 단속을 한다. 이때 각각의 위반속도를 비교한 뒤 이 중 가장 제한 속도를 많이 초과한 것을 기준으로 과태료를 매기고 있다. 따라서 구간단속 도로를 지날 때는 전체 구간 내에서 규정 속도를 준수해야 한다.

이런 구간단속 시스템은 기존 과속단속카메라 앞에서만 속도를 감속했다가 카메라를 지나면 다시 가속하던 '캥거루 과속'을 방지함은 물론, 급 감속으로 인해 뒤따르는 차량과 추돌사고 위험성을 줄이기 위한 방법으로 점차 확대되고 있다.


## 내비게이션은 어떻게 빠른 길을 알려줄까?


어느 곳이든지 여행을 떠나고 싶을 때, 심지어 초행길일지라도 부담 없이 떠날 수 있는 것은 아마도 차량용 내비게이션 덕택이 아닐까? 현재 위치를 보여주고 목적지만 설정해주면 알아서 친절하고 자상하게 길을 알려주는 차량용 내비게이션 시스템은 이제 자가운전자에게 필수 도우미로 자리 잡았다. 바쁠 때 최단경로를 찾아 안내하는 것은 물론, 근처의 볼만한 장소도 추천해주고 전화번호도 알려주는 등 그 기능도 다양해지고 있다.

사실 내비게이션이 최초로 사용된 것은 자동차가 아니다. 요즘은 자동차는 물론, 비행기나 미사일 등에 내비게이션 기술이 폭넓게 적용되고 있지만 최초의 시작은 선박이었다. 내비게이션은 선박을 해상의 한 장소에서 다른 장소까지 안전하게 이동시키는 기술 및 과학을 말하며 라틴어의 'navigere'에서 유래되었다. 이는 배를 뜻하는 'navis'와 움직임을 뜻하는 'agere'에서 유래되었다.

1990년대 후반부터 자동차에 내비게이션 시스템을 장착하기 시작한 뒤 점차 확대되는 추세이다.

미사일.　　　　　　　제트기.　　　　　　　선박.

내비게이션을 이용하기 위해서는 자신의 현재 위치가 어디인지, 또 목적지가 어디인지, 그리고 어떤 방향으로 가야 하는지를 아는 것이 반드시 필요하다. 이를 위해 기본적이면서도 필수적으로 요구되는 것은 바로 지도이다. 그렇다면 지도만 있으면 길 찾기가 가능할까?

여러분이 바다 한가운데 있다고 가정해보자. 물론 해도를 가지고 있고 목적지도 알고 있다. 주변을 둘러보니 푸른 물결만 넘실거리고 있다. 방향이나 위치를 알기 위해 참조할 것은 아무것도 없고 똑같은 풍경만이 계속 펼쳐진다. 어떻게 위치를 알아낼까? 이번에는 한 번도 가본 적이 없는 육지 어딘가에 자신이 서 있다면 어떨까?

육지에서는 산, 나무, 바위, 강, 호수 등 주변에 방향이나 위치를 알려주는 사물들이 많이 있다. 이런 것들을 이용해 지도상에서 위치를 파악하고 목적지를 향해 갈 수도 있을 것이다.

과학기술이 발달되기 전 인류는 항해를 할 때 해도 외에 나침반, 별자리, 해의 움직임 등을 이용했다.

바다를 통한 지리적 발견이 왕성해지던 시기인 15~16세기에는 항해에 필요한 도구 및 자료가 대량으로 만들어졌다. 근현대에 들어와서는 무선통신 기술이 발달함에 따라 내비게이션이 더욱 쉬워지고 정확해졌다. 특히 인공위성을 이용한 다양한 기술이 개발되었는데 가장 의미 있는 것이 바로 GPS 위성을 이용한 지구 전체 측위 시스템의 완성이다. GPS는 지구 위치 추적 시스템Global Positioning System의 약자이다.

이 시스템은 지구의 중심을 원점으로 하여 지구 위에 존재하는 모든 지점에 대해 위도, 경도, 고도로 구성된 **3차원 좌표를 할당**할 수 있다. 이는 전 세계 어느 지역을 가더라도 하나의 지점이 고유의 좌표를 갖게 되어 이동체의 움직임을 제어하는 데 큰 이점을 제공한다. 차량용 내비게이션에 적용된 것이 바로 이 GPS 기술이다.

차량용 내비게이션 시스템에서는, 내비게이션을 위해 실측으로 제작된 수치지도나 인공위성의 영상을 기반으로 만들어진 지도 데이터를 바탕으로, GPS 신호를 이용해 현재 자동차의 위치를 파악한 후 화면에 보여주게 된다. 때문에 GPS 원리를 이해하면 내비게이션 원리를 거의 이해한 것으로 볼 수도 있다.

사실 GPS는 미국 국방성에서 폭격의 정확성을 높이려고 군사용으로 개발된 것이다. 찾고자 하는 목표물의 위치를 위성이 보내는 전파로 표시해주기 때문에 아무런 표시가 없는 바다나 사막에서도 그 위치를 찾을 수 있다.

현재 수십 개의 GPS 위성이 지구 고도 2만 200km 상공에서 12시간마다 지구를 한 바퀴 돌며 신호를 내보내는데, 지구의 어느 지점에서든 동시에 5~8개의 위성 신호를 수신할 수 있다. 각 위성은 두 가지 신호, 즉 자신만의 독특한 신호와 해당 위성에 대한 정보를 담은 신호를 동시에 송신한다. 내비게이션에 부착된 GPS 수신기는 세 개 이상의 GPS 위성으로부터 신호를 받는다. GPS 신호는 위성을 통해 받기 때문에 고가도로, 터널, 지하 차도 및 주차장 등 하늘이 가려질 경우 수신 장애가 발생할 수 있으며 태양흑점 활동 등에 의해 수신 오차도 생긴다. 오차를 보정하기 위해 보통 네 개의 위성으로부터 전파를 수신한다.

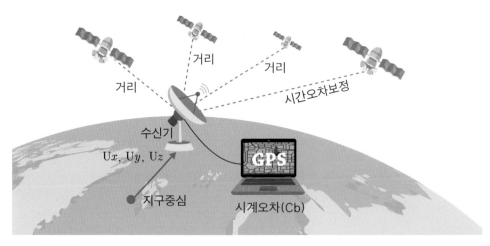

**GPS 측정 원리.**

1 최적배치 상태의 위성들을 추적     2 위성과의 거리를 측정
3 전리층 및 대기권 보정치 위성궤도 및 항법 데이터 등 보정처리
4 관측점의 위치 계산

일반적으로 1차원의 경우에는 2개의 기준점과 이 두 점으로부터의 거리만 알면 위치결정이 가능하다. 2차원의 경우에는 3개의 기준점과 이 세 점으로부터의 거리만 알면 위치결정이 가능하다. 이때 각 기준점을 원의 중심으로 하고,

거리를 반지름으로 하는 세 원이 교차하는 지점이 해당위치가 된다.

우리는 3차원의 구형인 지표면에 살고 있는데, 3차원의 경우에는 4개의 기준점과 이 네 점으로부터의 거리만 알면 위치결정이 가능하다. 이때 기준점을 구의 중심으로 하고 위성과 수신기 사이의 거리를 반지름으로 하는 4개의 구가 교차하는 지점을 통해 위치를 정할 수 있다. 실시간 수신이 되더라도 전파가 도달하는 시간이 필요하기에 오차가 발생되어 위성 3개는 거리를 재고, 위성 1개는 시간오차 보정을 하여 위치를 결정한다.

위성과 수신기 사이의 거리는 위성에서 송신된 신호와 수신기에 들어온 신호의 시간차를 측정하면 구할 수 있다. 각 위성의 위치와 거리를 알게 되면 삼각측량 같은 방법을 이용해 오차범위 30~100m 정도로 위도, 경도, 고도 등 3차원의 좌표를 얻을 수 있다. 이렇게 얻어진 3차원 좌표는 내비게이션용으로 제작된 전자지도와 매칭 작업을 거쳐 내비게이션 화면에 현재 위치로 표시된다.

길을 안내하는 내비게이션 특성상 정확한 지도 제작은 매우 중요한 요소다. 정보 하나만 잘못 입력되어도 많은 거리를 돌아가야 하는 경우가 발생하기 때문이다.

내비게이션용 전자지도는 전국적인 자료 수집과 현지 테스트 등의 과정을 거쳐 제작되며 도로 사정이 계속 바뀌기 때문에 지속적으로 업그레이드한다.

전자지도는 기기 화면에서 가장 많이 볼 수 있는 지도데이터, 경로 탐색에 필요한 도로데이터, 목적지까지 가기 위해 사용되는 주소 및 전화번호 검색데이터, 주행 중 회전 방향을 알려주는 음성 안내, 교차로 확대 등을 알려주는 이미지 안내 등 수많은 데

내비게이션.

이터로 구성된다. 얼마나 많은 데이터를 보유하느냐에 따라 우수성이 판가름 난다.

가고자 하는 목표 지점을 설정하면 가장 가까운 경로를 찾은 뒤 경로로 주행할 수 있도록 필요한 '경로안내'를 해준다. '경로찾기'가 얼마나 효율적이냐, '경로안내'를 얼마나 자세하게 전달하느냐 등에 따라 제품의 품질이 결정된다.


## 빠른 경로 탐색을 가능하게 한 '데이크스트라 알고리즘'


경로 탐색은 우리가 내비게이션을 사용하는 이유이자 내비게이션의 가장 중요한 기능이다. 내비게이션은 어떻게 가장 빠른 경로를 찾아낼까? 이 경로 탐색이 어떠한 원리로 결정되는지를 살펴보자.

내비게이션의 경로 탐색은 '데이크스트라 알고리즘'을 기반으로 한다. 이 알고리즘은 간단하게 도로 교통망을 나타내는 그래프에서 두 꼭짓점 간의 최단 경로를 찾는 것이다. 1956년 네덜란드 국립 수학 정보과학 연구소에서 프로그래머로 일하던 에츠허르 데이크스트라가 고안한 알고리즘으로, 한 도시(로테르담)에서 다른 도시(흐로닝언)로 가는 가장 짧은 길이 무엇인지 고민하는 과정에서 고안됐다. 에츠허르 데이크스트라는 1972년에 튜링상을 수상하기도 했다.

그의 이름을 따서 명명된 이 경로계획 알고리즘은 지금도 대다수 경로계획 프로그램의 기초로 활용되고 있다.

**경로계획을 다루는 수학 분야는 그래프 이론**graph theory에 해당한다. 그래프는 이른바 꼭짓점과 각 꼭짓점들을 잇는 변으로 이루어져 있으며 방향성이 있는 그래프와 방향성이 없는 그래프로 나뉜다. 그래프 이론은 관계 지어진 상황들을 그래프로 나타내고, 그래프로 나타난 수학적 모형을 연구하여 여러 가지 현상을 규명하는 수학 분야를 말한다.

경로계획을 다룰 때 변은 방향성이 주어지며(A에서 B로 가는 변과 B에서 A로 가는 변을 따로 구분한다) 각각의 변에는 특정한 값인 '가중치'를 부여한다.

내비게이션 시스템에서 그래프의 꼭짓점은 무엇에 해당할까?

도로들이 교차하는 곳, 즉 다양한 방향으로의 회전이 가능한 교차점에 해당한다. 이때 교차점은 도시가 될 수도 있고, 도로들이 모이고 갈라지는 교차로가 될 수도 있다. 경로를 계획하는 사람은 꼭짓점에 이를 때마다 여러 선택지 중 하나를 골라야 한다.

만일 어떤 그래프에서, 도로들이 교차하는 꼭짓점들이 각각 도시를 나타내고, 변들이 도시 사이를 연결하는 도로의 길이를 나타낼 경우, 데이크스트라 알고리즘을 통하여 두 도시 사이의 최단경로를 찾을 수 있다. 최단경로는 출발점에서 목표점까지 가는 경로 중 변의 가중치 합이 가장 작은 경로를 의미한다. 이때 각변의 가중치는 두 지점 사이의 거리로 나타낸다. 최단경로로 가기 위해서는 내비게이션 장치의 그래프에서 출발점과 목적지를 나타내는 점을 선택한 후 차를 출발시킨다.

데이크스트라 알고리즘의 핵심은 교차점(꼭짓점)마다 출발점부터의 거리를 값으로 하는 거리값을 나타내고 이때 가장 짧은 거리의 경로만을 남겨둠으로써 최단 거리를 계산하는 것이다.

다음의 그래프에서 데이크스트라 알고리즘을 이용하여 꼭짓점 A에서 꼭짓점 G로 가는 최단경로를 찾는 방법을 알아보자.

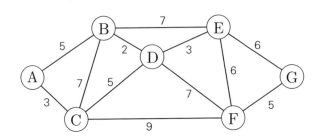

1  출발 도시인 A의 거리값을 0으로 하고, 다른 도시들의 거리값을 ∞(무한
   대)로 한다. 출발할 때의 현재 위치는 A이며 출발점으로부터의 거리는 0
   이므로 0으로 표시하고, ∞는 실제 거리가 무한대라는 것을 뜻하는 것이
   아닌 그 도시에 가보지 않았다는 의미로 나타낸 것이다.

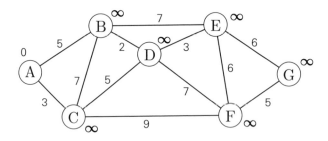

2  출발점인 'A'를 선택하여 빨간색으로 표시하고, 선택된 A에서 갈 수 있는
   B와 C에 점 A에서 두 지점 B, C까지의 거리를 값으로 표시하고 변을 빨
   간색으로 나타낸다.

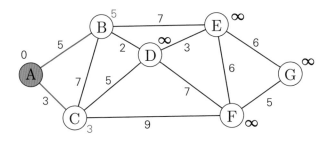

**3** 빨간색 변으로 연결된 두 지점 B, C 중 거리가 짧은 'C'를 선택해서 빨간색으로 표시한다. 그런 다음 선택한 'C'에서 이동할 수 있는 지점인 B, D, F에 대해 출발점 A로부터의 이동거리의 합을 계산하여 기입한다. 변도 빨간색으로 표시한다. 이때 C → B 경로의 경우 A → C → B 경로보다 A → B 경로의 이동거리가 더 짧으므로 변과 거리값 5를 그대로 둔다.

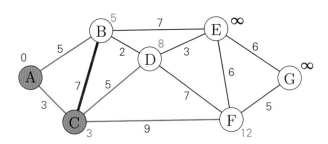

**4** 이번에는 선택되지 않은 꼭짓점 중 거리값이 가장 작은 'B'를 선택해서 빨간색으로 표시하고, 'B'에서 이동할 수 있는 꼭짓점 D, E에 대해 출발점 A로부터의 거리 합을 계산한다. A → B → D의 경로가 A → C → D 경로의 이동거리보다 짧으므로 거리값을 7로 변경하고, C와 D를 이은 변을 검은색으로, B에서 D를 이은 간선을 빨간색으로 표시한다.

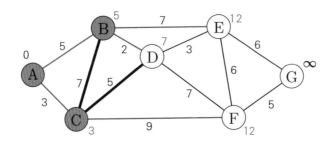

**5** 선택되지 않은 꼭짓점 중 거리값이 가장 작은 'D'를 선택하고, D에서 이동할 수 있는 E, F에 대한 거리값을 계산한다. A → B → D → E의 경로가 A → B → E 경로의 이동거리보다 짧으므로 10으로 변경하고, B, E를 잇는 변을 검은색으로, D, E를 잇는 변을 빨간색으로 표시한다. A → B → D → F 경로의 거리값 14는 A → C → F 경로의 거리값 12보다 크므로 거리값을 수정하지 않으며 D → F의 변 또한 검은색으로 표시한다.

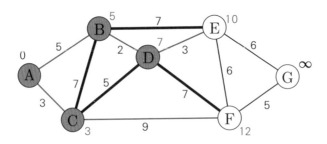

**6** 선택되지 않은 꼭짓점 중 거리값이 가장 작은 'E'를 선택하고 F와 G까지의 거리값을 계산한다. F까지의 거리값 16은 기존의 거리값 12보다 크므로 거리값을 변경하지 않고 변 또한 검은색으로 표시한다. E에서 G까지의 거리값을 계산하여 표시하고, 변은 빨간색으로 표시한다.

그 다음으로 선택되지 않은 꼭짓점인 F를 선택하고 G까지의 거리를 계산하면 그 값이 16보다 크므로 변경하지 않으며 F와 G 사이의 변 또한 검정색으로 놔둔다.

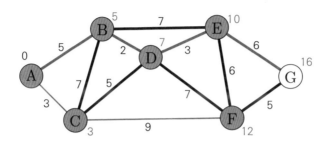

현재 위치가 목적지라면 탐색을 종료한 뒤 최단 거리를 바탕으로 최단경로를 찾는다. 이 경우에 최단경로는 A → B → D → E → G이다.

이렇게 구성된 '최단경로'는 같은 원리의 알고리즘을 기반으로 했기 때문에 결과는 하나일 수밖에 없다.

이와 같은 원리를 응용하여 내비게이션 시스템에서 다양하게 최적 경로를 설정할 수 있다. 내비게이션 개발자는 현실의 지리적 특징(예컨대 도로의 굴곡)을 무시하고 두 점을 잇는 도로 하나가 있을 경우 두 점을 변 하나로 연결한다. 그 변의 가중치는 최단거리 경로를 찾는 경우에는 도로의 길이일 수도 있고 최단시간 경로를 찾는 경우에는 그 도로를 주파하는 데 걸리는 시간일 수도 있다. 찾으려는 경로가 자동차를 위한 것인지, 아니면 보행자나 자전거를 위한 것인지에 따라서 동일한 그래프에 다양한 가중치를 부여할 수 있다.

이와 같이 내비게이션 경로 탐색을 이루는 다양한 '고유의 알고리즘'을 적용함으로써 내비게이션 앱마다 경로가 달라지게 된다. 내비게이션 앱들은 실시간 교통 정보나 고속도로 및 국도 전용도로 선택 여부, 유료 도로 여부, 교통 신호나 과속 단속 구간 등 경로 탐색에 영향을 미치는 이와 같은 요인들에 가중치를 둠으로써 '최적 경로'를 도출한다. 앱마다 가중치를 두는 요인이 모두 다르기 때문에 추천 경로가 다를 수밖에 없는 것이다.


## 의외로 곡선도로가 많은 고속도로

고속도로에 들어서면 주욱 뻗은 직선도로를 달리기만 하면 될 것 같다. 그런데 조금만 주의 깊게 살펴보면 거의 직선도로에 가까울 것 같은 고속도로가 직선으로만 길게 이어진 경우는 그다지 많지 않다는 사실을 알게 될 것이다. 이리저리 굽어 있는 곡선구간이 나타나거나 경사가 급하진 않지만 오르락내리락 경사진 도로를 만나게 된다.

이렇듯 도로에 평평한 직선구간이 많지 않은 이유는 무엇일까? 사실 두 지점을 직선으로 이으면 최단거리가 될 수 있어 공사비도 적게 들고 자동차 연료를 절감할 수 있는 장점이 있는데도 말이다.

그것은 직선구간이 너무 길면 운전자가 운전대를 전혀 움직이지 않아도 되므로 단조로운 나머지 졸음운전을 할 수도 있고, 오랫동안 직선구간을 달리다 보면 갑자기 곡선구간이 나타날 때 대처를 못하는 일이 발생할 수 있게 되어 안전에 위험을 초래할 수도 있기 때문이다.

우리나라에서는 직선구간을 자동차가 약 70초 이상 주행하지 않도록 도로를 설계하고 있다. 곡선구간을 혼합하여 설계함으로써 운전자가 운전대를 조금씩 움직이도록 유도해 졸음을 방지하거나 과속을 예방할 수 있는 효과를 내도록 한 것이다.

도로에서 곡선구간의 경우, 그 굽은 정도는 곡률로 나타낸다. 곡률은 곡선의 구부러진 정도를 수로 나타낸 것을 말한다.

구부러진 정도는 구부러진 곡선도로 상의 한 점에 접하는 원을 그리면 알기 쉽다. 이 원을 곡률원이라 하는데, 많이 구부러진 곡선에 그려진 곡률원은 그 크기가 작지만, 조금 구부러진 곡선에 그려진 곡률원은 그 크기가 크다.

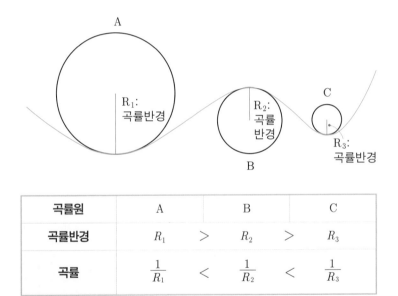

| 곡률원 | A | | B | | C |
|---|---|---|---|---|---|
| 곡률반경 | $R_1$ | > | $R_2$ | > | $R_3$ |
| 곡률 | $\dfrac{1}{R_1}$ | < | $\dfrac{1}{R_2}$ | < | $\dfrac{1}{R_3}$ |

이때 '(많이 구부러진 곡선)=(곡률이 크다)'를 표현하기 위해 곡률은 **곡률반경의 역수**로 계산한다. 따라서 많이 구부러진 곡선의 곡률은 크고, 조금 구부러진 곡선의 곡률은 작다.

그런데 곡선이 매우 완만하여 거의 직선처럼 보이는 곡선에서는 곡률원도 매우 크게 그려져 곡률반경을 구하기가 쉽지 않다. 이런 경우에는 곡률을 어떻게 구해야 할까?

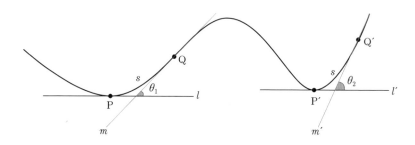

위의 그림과 같이 구부러진 정도가 다른 두 곡선에 대하여 각각 곡선 위의 점 P, P′과 $s$의 거리만큼 떨어진 점 Q, Q′이 있다고 하자. 두 점 P, Q에서의 접선을 각각 $l$, $m$이라 하고, 두 점 P′, Q′에서의 접선을 각각 $l′$, $m′$이라 하자. 두 접선 $l$과 $m$이 이루는 각의 크기를 $\theta_1$, 두 접선 $l′$과 $m′$이 이루는 각의 크기를 $\theta_2$라고 할 때 곡선이 구부러진 정도에 따라 그 크기가 다르다($\theta_1 < \theta_2$)는 것을 알 수 있다.

이런 성질을 이용하여 곡률을 $\dfrac{\text{두 접선이 이루는 각의 크기 } \theta}{\text{두 점 P, Q 사이의 곡선의 길이}}$ 로 구하기도 한다. 곡선 $s$의 길이가 같을 때 $\theta$가 클수록 곡선이 더 많이 구부러져 있어 곡률이 더 크다.

$$\frac{\theta_1}{s} < \frac{\theta_2}{s}$$

이와 같은 계산방법은 아주 완만한 곡선에서 곡률을 구하기 위해 매우 큰 곡률원을 그려 곡률반경을 측정하려고 할 때의 어려움을 피할 수 있다.

그렇다면 직선의 곡률은 얼마일까? 직선 위의 서로 다른 두 점 P, Q에 대하여, 두 점에서의 접선이 이루는 각의 크기는 0이므로 곡률은 0이 된다. 이것은 곧 도로가 전혀 구부러져 있지 않다는 것을 의미한다.


## 급곡선 도로에서 속도를 줄이지 않아도 되는 이유 : 완화곡선

일반도로에서 곡선구간이 갑자기 나타나면 재빨리 속도를 줄여야 하는 경우를 자주 경험한다. 속도를 줄이지 않으면 차가 전복되거나 도로를 이탈할 가능성이 크기 때문이다. 이에 반해 고속도로에서는 구불한 곡선구간을 운전할 때 속도를 급속히 줄이지 않고도 비교적 완만하게 달릴 수 있다. 고속도로의 곡선부에 어떤 비밀이라도 숨겨져 있는 걸까?

일반도로, 고속도로와 상관없이 직선구간을 운전할 때는 운전대를 틀지 않고 그 각도를 '0'으로 고정시키고 달리면 된다. 반면 곡선구간은 일반적으로 원곡선을 사용한다. 원곡선구간을 운전할 때 원은 곡률이 일정한 곡선이므로 운전대를 그 곡률에 맞추어 유지하면 차가 원을 그리며 달리게 되기 때문이다. 원곡선구간의 도로에서 운전을 할 때 원의 반경이 커 곡선이 완만하면 운전대를 조금만 돌려도 되지만, 반경이 작아 곡선의 굽은 정도가 크면 운전대를 크게 돌려야 안전하게 이 곡선구간을 운행할 수 있다.

그런데 직선구간과 원곡선구간이 연달아 이어진 도로에서 운전을 할 때는 운전 조작에 무리가 따를 수 있다. 운전대를 갑자기 크게 틀어야 하는 일이 벌어지기 때문이다. 직선구간에서 갑자기 곡률이 큰 원곡선구간으로 진입하게 되면 운전대의 각도를 0도에서 갑자기 크게 돌려야 한다. 또 원곡선구간을 통과한 후 다시 직선구간으로 진입하게 되면 급하게 운전대를 급하게 틀어 각도를 0도로 복귀시켜야 한다. 이때 차가 고속으로 달리고 있다면 전복되거나 차선을 이탈할 수도 있다.

우리가 흔히 이용하고 있는 고속도로나 일반도로 모두 수학적, 과학적 원리가 정교
하게 적용되어 있다.

　따라서 이러한 위험한 상황을 피하기 위해 차들이 빠른 속도로 달리는 고속
도로의 경우에는 선의 유형이 다른 두 종류의 도로, 즉 직선구간과 곡선구간이
이어진 도로나 곡률이 서로 다른 두 곡선구간이 곧바로 이어지는 도로를 설계
할 때는 두 가지 방법을 고려한다. 곡선구간에서 곡률반경을 크게 하여 곡률을
작게 하거나 또는 완화곡선구간을 삽입하는 것이 그것이다.
　완화곡선은 도로나 철로에서 곧바로 이어진 직선구간과 곡선구간 사이나 곡
률이 큰 곡선과 작은 곡선구간 사이에 삽입하여 곡률이 서서히 변하게 만듦으
로써 운전자가 운전대를 원활하게 조작할 수 있도록 하는 곡선을 말한다. 현재
설계속도 60km/h 이상인 도로에서는 완화 곡선을 설치하고 있다.
　완화곡선으로는 클로소이드 곡선Clothoid curve, 렘니스케이트 곡선Lemniscate curve, 맥
코넬 곡선McConnel curve, 대수나선 곡선, 3차 포물선 곡선, 사인체감 곡선 등이 있
으며 우리나라 도로에서는 주로 클로소이드 곡선을 사용한다.

클로소이드 곡선은 곡선의 길이가 증가할수록 이에 비례하여 곡률이 점차 커지는 곡선으로, 직선으로 시작하여 달팽이집처럼 점점 작아지는 원을 그리며 회전하는 나선의 모양을 갖게 된다. 운전자가 속도를 늦추지 않고 일정 속도로 주행하면서 자동차의 핸들을 일정 속도로 회전시켰을 때 이 자동차가 그리는 궤적이 바로 클로소이드 곡선이다. 때문에 이 곡선을 따라 운전하면 자동차가 자연스럽게 달릴 수 있게 된다.

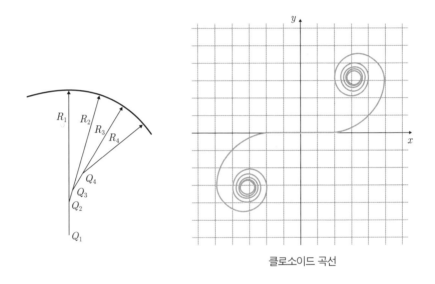

클로소이드 곡선

다음은 고속도로에서 서로 이어져 있는 직선구간과 원곡선구간의 사이에 클로소이드 곡선을 삽입한 경우를 그림으로 나타낸 것이다.

완화곡선이 삽입된 이 도로를 운행할 때 운전자는 직선구간에서 완화곡선구간에 진입하여 통과할 때까지는 핸들을 일정속도로 돌리다가(①구간), 원곡선구간에 진입하여 통과할 때는 약간 돌아가 있는 핸들을 고정시킨 채 달리게 될 것이다(②구간). 이후 다시 완화곡선구간에 진입하여 통과할 때는 핸들을 일정한 속도로 서서히 풀어준 후(③구간), 직선구간에 들어서게 되면 핸들의 각도가 0이 되도록 하여 그 상황을 유지하면 된다(④구간). 이와 같이 완화곡선을 삽입하게 되면 운전대를 급하게 틀지 않아도 되므로 운전자는 안전하게 운전할 수 있게 되는 것이다.

완화곡선을 설치할 때는 완화곡선, 원곡선, 완화곡선의 길이의 비율을 1:2:1로 하는 것이 바람직하다.

서로 만나면서 구부러진 방향이 반대인 두 반향곡선 사이에도 다음과 같이 2개의 클로소이드 곡선을 삽입하게 되면 운전자가 무리하게 운전대를 조작하지 않도록 하는데 도움이 된다.

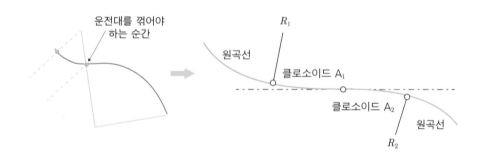

또 다음과 같이 곡률반경이 다른 대원곡선과 소원곡선이 바로 연결되는 고속도로에서도 클로소이드 곡선을 삽입하여 급곡선구간을 매끄럽게 연결하기도 한다.

완화곡선 중 **맥코넬 곡선**McConnel Curve이 적용된 곳이 있다. 2019년 3월에 완공한 전라북도 군산시의 새만금주행시험장이다.

새만금주행시험장은 순수 국내 기술진에 의해 건설되었으며, 자동차 제작결함 조사 및 안전도 평가 사업 등 정부정책 수행을 위해 각각 8개 시험로를 갖추고 있다.

새만금주행시험장과 상용고속주회로.

두 시험장에서 가장 눈길을 끄는 것은 '회전할 때 원심력을 0으로 만든다'는 상용고속주회로의 곡선구간 도로이다. 자동차를 타고 가다가 곡선구간이 나타나 오른쪽으로 방향을 틀면 왼쪽으로 몸이 쏠리는 경험을 해 보았을 것이다. 바로 원심력과 관성 탓이다. 그런데 이 곡선구간 도로에서는 마술처럼 원심력이 전혀 작동하지 않는다고 한다. 즉 곡선구간에서 속도를 줄이지 않고 상용차량이 시속 110km 이상으로 달리면서도 직선도로를 달리는 것처럼 몸이 한쪽으로 쏠리지 않는다는 것이다.

이것이 가능한 것은 곡선구간의 차로가 벨로드롬 경기장처럼 경사져 있고, 직선구간과 원곡선구간 사이에 완화곡선구간을 완벽하게 구현해 놓았기 때문이다. 여기에 적용된 완화곡선이 바로 맥코넬 곡선이다.

벨로드롬 경기장에서는 주로 사이클 경기가 이루어진다.

맥코넬 곡선은 포드 자동차 회사의 William A. McConnell이 고안한 것으로, 차의 속도와 회전각도에 따라 도로의 경사가 변하는 3차원 곡선을 말한다.

두 시험장에 설치된 이 곡선구간 도로의 경우에도, 평평한 직선구간에서 맥코넬 완화곡선구간으로 진입하여 달리게 되면 곡률반경과 경사각도가 계속 변한다. 경사는 화성시의 자동차성능시험연구소의 시험장은 평평한 각도인 0도에서 최대각도 42도까지, 새만금주행시험장은 최대각도 25도까지 변하며 곡률반경 또한 원곡선의 곡률반경이 될 때까지 계속 변한다.

보통 일반도로의 곡선구간에서 우회전을 하게 되면 원심력이 커져 자동차는 왼쪽 아래로 비스듬하게 힘을 받는다. 그런데 이 힘과 정확히 수직이 되도록 도로의 경사각도를 바꾸어주면 자동차에 탄 사람이 원심력을 느끼지 못하게 된다. 이에 따라 맥코넬 곡선구간은 차량의 속도 및 회전각도에 따라 도로의 경사각도를 바꾸어줌으로써 이를 해결한 것이라 할 수 있다. 곡선도로는 각각, 3차로, 4차로로 되어 있으며 속도(시속 100~250km)에 따라 각 차로의 경사가 다르게 설계되어 있다. 이것은 자동차가 회전할 때 속도에 따라 힘의 크기가 달라지기 때문이다.

이 곡선을 고안한 맥코넬은 눈가리개를 한 승객이 탄 차가 맥코넬 곡선구간에서 주행을 하고 있다면 차가 평평한 직선도로를 달리고 있는지 또는 곡선도로를 달리고 있는지를 알아차리지 못할 것이라고 말하기도 했다.


## 평평한 도로가 평평하지 않다?

시원하고 곧게 뻗은 도로! 평평하고 반듯하게 펼쳐져 있다고 생각했던 도로가 사실 경사가 있다는 사실에 대해서도 여러분은 알고 있는가?

고속도로는 물론 일반도로가 직선과 곡선이든 평평한 도로라고 생각하기 쉽지만 사실은 **평면과 경사면이 기하학적으로 결합된 3차원적인 형상**을 이루고 있다.

도로의 경사는 특수한 목적을 가진 자동차주행시험장이나 자동차경주장과 같은 곳에서만 사용된다고 여기기 쉽지만, 우리가 매일 주행하는 일반도로에서도 흔하게 찾아볼 수 있다.

도로의 경사는 크게 횡단경사와 종단경사로 구분한다. 횡단경사는 도로의 진행방향에 직각으로 설치하는 경사를 말하며, 종단경사는 오르락내리락하는 도로의 진행방향 중앙선의 길이에 대한 높이의 변화 비율을 말한다.

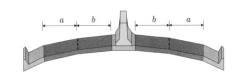

횡단경사: 두 종류의 직선경사를 조합하는 경우(a의 경사 > b의 경사)
이미지 출처 : 국토해양부 도로 배수시설 설계 및 관리지침

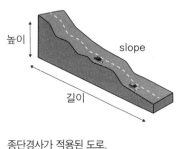

종단경사가 적용된 도로.

그렇다면 도로를 경사지게 설계하는 이유는 무엇일까? 가장 큰 요인은 바로 배수를 원활하게 함으로써 자동차가 안전하게 주행하도록 하기 위함이다. 도로면을 수평으로 만들면 비가 온 후 빗물이 흐르지 않고 머물러 있어 운전하는 데 위험요소가 된다. 그래서 횡단 경사를 통해 빗물이 도로 양쪽으로 흘러내려가도록 하며, 이때 경사는 중앙선을 중심으로 좌우 대칭이 되도록 설계한다.

배수만을 고려할 때 횡단경사는 클수록 유리하지만, 경사도가 2%를 넘어가면 자동차 운전대가 한쪽으로 쏠리는 느낌이 들고, 습기가 있거나 결빙된 도로 표면에서는 내리막 경사가 심할 경우 자칫 밖으로 미끄러질 위험도 있다.

이에 따라 횡단경사는 도로포장 종류에 따라 경사 각도를 정하고 있다. 시멘트 콘크리트 및 아스팔트 포장도로는 1.5~2.0%, 그 외 노면 간이포장의 경우 2.0~4.0%, 비포장도로는 3.0~6.0%의 기준으로 경사면을 설계한다. 보도 및 자전거도로의 횡단경사는 20.0% 이하를 표준으로 하고 있다.

한편 도로에 종단경사를 주지 않으면 횡단경사를 통해 양쪽 길도랑으로 모아진 물이 세로 방향으로 흘러가지 못해 도로 끝차선으로 흘러 넘치게 되는 상황이 발생할 수도 있다. 이에 도로를 설계할 때 종단경사 역시 매우 중요한 요소로 작용하며, 종단경사는 배수시설의 규모에 영향을 미친다. 종단경사가 크면 빗물이 빨리 고이기 때문에, 이를 방지하기 위해 배수시설의 규모도 크게 만든다.

일반도로는 평면만으로 이루어진 것이 아닌 평면과 경사면이 기하학적으로 연결된 3차원적 형상으로 되어 있다. 그래서 자동차가 전복되거나 도로 밖으로 튀어나가지 않도록 도로면의 경사각을 조절하고, 경사진 도로를 차들이 안정되게 달릴 수 있도록 속도를 지정해 놓고 있다. 그래서 고속도로 나들목에는 항상 규정 속도판이 세워져 있는 것을 볼 수 있다.

도로에서 운전을 하다보면 일반적인 횡단경사, 종단경사 외에 또 다른 경

최고 속도 제한 표시.　　　최저 속도 제한 표시.

사를 쉽게 접할 수 있다. 경남 함양의 오도재와 같이 곡률이 매우 큰 꼬부랑길에서는 도로 전체가 한쪽으로 기울어져 있는 것을 발견할 수 있다. 곡선구간의 바깥쪽 노면을 안쪽 노면에 비해 편중되게 높여 시공한 탓이다. 이를 건설 및 토목용어로 **편경사 또는 외측경사면**이라고 한다.

경남 함양의 오도재(지안재).                           편경사 적용의 예.

이런 편경사를 도로에 적용하여 시공하는 이유는 무엇일까?

그것은 도로의 곡선구간을 통과하는 자동차가 관성에 의해 접선방향으로 차로를 이탈하거나 전복되지 않고 안전하게 주행할 수 있도록 하기 위함이다. 편경사는 곡률반경이 큰 곡선도로를 달리는 자동차가 도로 밖으로 벗어나려는 원심력을 버텨주는 역할을 한다. 원심력이 편경사 노면 방향과 평행하게 작용하여 자동차 무게와 중력을 노면이 받아들일 수 있도록 하는 것이다.

곡선도로를 설계할 때는 최대 편경사를 결정하여 제한하고 있다. 그것은 곡선도로를 운전할 때 자동차가 원심력에 저항하여 횡 방향으로 미끄러지지 않고 주행방향을 유지하기 위해 운전자가 부자연스러운 핸들 조작을 할 수밖에 없기 때문이다. 최대 편경사는 곡선도로를 주행하는 운전자가 핸들을 조작하는 데 어려움을 느끼지 않을 정도의 힘을 분담하도록 하고, 나머지 부분은 편경사를 통해 분담하도록 하는 범위를 설정한 것이다. 도로를 설치할 때 곡선도로를 설계할 수밖에 없는 지형 조건과 횡 방향 마찰만으로 안전한 운전을 보장할 수 없어 건축과 토목 공학적인 설계가 필요했던 것이다.

또 도로의 포장면이 결빙되었을 때 자동차가 미끄러질 경우를 대비하여 적절한 편경사를 적용하고 있기도 하다. 도심의 도로에서는 교차로의 접속, 횡단보도, 자동차의 정지 등을 고려하여 편경사를 두지 않거나 최대 6도로 제한하고 있다.

보통 최대편경사는 지형과 도로의 상황에 맞게 정하며 적설, 한랭지역은 6도, 기타 지방지역은 8도, 도시지역은 6도, 연결로는 8도로 제한되어 있다. 이외에도 빗물을 길 밖으로 신속히 배수시키기 위해 편경사를 적용하여 시공하는 경우도 있다.

현재 우리나라의 도로는 편경사, 곡률 등의 이와 같은 여러 가지 요소를 고려한 도로포장 기술의 발달로 운전자들이 편하고 안전하게 운전할 수 있도록 설계되어 있다. 이 편하고 안전한 도로 설계 뒤에는 시대를 거쳐오면서 쌓아온 기술과 과학, 수학, 공학적 원리가 숨겨져 있는 것이다. 따라서 결국 도로상에서 우리의 안전을 책임지고 있는 숨은 공로자는 평소 전혀 생각지 못했던 이들 원리가 아닐는지.


## 고속도로 유령정체현상의 비밀


잘 달리던 차들이 갑자기 속도가 줄기 시작한다. 도로 교통정보 안내표시판에서는 차량증가로 20km나 정체되고 있다고 한다. 앞쪽 도로에서 사고가 난 것도 아닌데, 도대체 차들이 정체하는 이유를 알 수가 없다. 아무리 차량이 많아졌다고 해도 제일 앞에 가는 차가 느리게 가지 않는 이상 뒤를 잇는 차들이 느려질 이유가 없지 않은가.

앞에 사고가 난 것이 아닌데도 뚜렷한 이유 없이 차가 막힐 때는 유령정체현상이라는 단어를 사용하여 상황을 표현하곤 한다. 상식적으로 이해할 수 없는 일이 벌어진다고 하여 생긴 말이다. 학자들은 1950년대부터 **수학적 모델링 기법**을 통해 유령정체의 원인에 대해 연구해 오고 있다.

수학적 모델링은 우리 주변의 자연 현상이나 사회 현상을 수식을 이용해 표현하고 분석하는 것을 의미한다. 예를 들어, 사과가 떨어지는 현상은 사

고속도로 정체의 이유를 찾고 해결책을 제시할 때도 수학이 활용된다.

과의 질량과 지구의 중력가속도를 이용해 수식으로 나타낼 수 있다. 자동차들이 도로 위를 달리는 모습도 차선의 수, 자동차의 무게와 속도, 도로의 굽은 정도 등의 정보를 이용해 수식으로 나타낼 수 있다.

유령정체현상에 대한 가장 큰 원인은 운전자의 반응속도에 있다는 것이 밝혀진 상태이지만 완벽하게 밝혀진 것은 아니다.

운전자의 반응속도는 앞차가 갑자기 멈춘다거나, 옆 차선을 달리고 있던 차가 끼어드는 등의 상황에서 얼마나 빨리 반응할 수 있는지를 의미한다. 기차의 경우, 차량들이 서로 단단하게 연결되어 있기 때문에 앞 차량이 움직이는 순간 뒤 차량도 함께 움직이는 만큼 뒤 차량의 반응속도는 0에 가깝다. 이렇게 반응속도가 0에 가까울수록 유령정체현상은 거의 발생하지 않게 된다.

그런데 사람의 경우 이렇게 반응하는 것은 불가능하다. 앞차가 움직일 때 바로 움직인다 해도 기차처럼 바로 따라가지는 못한다. 그래서 앞차 운전자가 차선을 바꾸거나 조금만 속도를 줄여도 뒤쪽의 차는 속도를 줄였다가 다시 속도를 내기까지 시간이 지체된다. 또 끼어들기 등 앞차가 예상치 못하게 운전하면 뒤차의 운전자는 속도를 크게 줄였다가 다시 속도를 내기까지 시간을 지체하게 된다. 이 여파는 도미노처럼 뒤쪽 차들에게 영향을 미친다. 그 결과 뒤쪽으

로 갈수록 더 느려지게 되어 결국 정지하는 상황까지 벌어지게 되는 것이다.

고속도로에서 반응속도가 느려지게 되는 이유는 여러 가지가 있다. 고속도로에는 각 도시로 차들이 빠져나가는 분기점들이 있다. 4차선 고속도로에서 1차선 분기점으로 차들이 빠져나갈 때, 넓은 길이 갑자기 좁아지며 그 길로 차량이 몰리는 경우가 발생한다. 이렇게 차량이 몰리는 모습이 마치 입구가 좁은 병 속에 구슬을 넣을 때의 모습과 비슷하다고 하여 '병목현상'이라 한다. 이때 많은 차들이 갑자기 1차선 도로를 줄을 서서 달려야 하니 자연스레 차량의 속도는 줄어들 수밖에 없게 된다. 또한 사고가 나거나 도로를 보수하는 공사를 하는 경우에도 갑자기 차선의 수가 줄어 차들의 속도가 줄어들 수밖에 없다. 때문에 유령정체가 생기는 것을 막을 수는 없다.

그렇다면 유령정체현상을 줄일 수 있는 방법은 없을까?

유령정체가 운전자의 반응속도에 영향을 받는 만큼 운전자의 집중력만 높여도 유령정체를 크게 줄일 수 있다. 이를 위해 시행한 것이 바로 곡선도로와 완화곡선도로를 설계하는 것이다.

도로가 일직선만으로 되어 있으면 운전자들이 지루함을 느끼게 돼 주의력이 줄어들어 자신이 얼마나 빠르게 달리고 있는지도 잘 느끼지 못하게 된다. 그런 까닭에 곡선도로를 추가로 설계하고 있다. 도로가 곡선일 때는 원심력으로 인해 운전자의 몸이 한쪽으로 쏠리게 되면서 긴장감이 높아져 반응속도도 빨라지게 된다. 이때 원곡선만으로 만들지 않고 완화곡선을 삽입하는 이유는 원곡선은 원심력이 너무 강해 속도를 크게 줄이지 않으면 차가 뒤집히거나 차선을 이탈할 위험이 있기 때문이다.

병목현상은 왜 일어나는 것일까?

## 자동차의 주민등록번호 : 번호판의 의미

개개인마다 주민등록번호가 있는 것처럼 도로 위를 달리는 자동차에게도 주민등록번호가 있다. 바로 자동차 등록번호이다. 자동차가 계속 증가하면서 현재 사용할 수 있는 자동차 번호가 점점 부족해짐에 따라 2019년 9월 1일부터는 자동차 등록번호를 새로 발급받아야 하는 차들은 기존의 (2자리 숫자)＋(한글)＋(4자리 숫자)로 구성된 번호판 대신 (3자리 숫자)＋(한글)＋(4자리 숫자)로 구성된 8자리 등록번호가 표기된 번호판을 달게 되었다.

기존
• 52가 3108 •

개편
• 152가 3108 •

그렇다면 번호판의 각 자리에 들어가는 숫자나 한글은 어떤 의미를 담고 있을까?

기존의 번호판에서 앞의 두 자리 숫자나 신형 번호판에서 앞의 세 자리 숫자는 자동차의 종류를 표시한다. 그 다음의 1개의 한글 문자는 자동차의 용도(쓰임새)를 나타낸다. 다만 군부대에서 쓰는 차량은 소속에 따라 다른 글자가 적용된다. 육군은 '육', 해군 및 해병대는 '해', 공군은 '공'으로 표기되고, 국방부는 '국', 합동참모본부는 '합'으로 표기된다. 외교 차량 또한 '영사'라는 단어가 들어간다.

한글 다음의 4자리 숫자는 자동차의 종류나 용도와 상관없이 모든 차량에 임의로 지정되는 일련번호이다. 첫째 자리는 1~9의 9개의 숫자를 나머지 세 자리는 0~9까지의 10개의 숫자를 각각 쓴다. 따라서 1000부터 9999까지의 수가 배정되는 셈이다.

차종의 정보를 담고 있다.　　임의로 지정되는 일련번호

자동차의 용도를 표현해준다
(예외: 군용, 외교용 등)

| 분류 | 기호 |
|------|------|
| 승용차 | 01~69 |
| 승합차 | 70~79 |
| 화물차 | 80~97 |
| 특수차 | 98, 99 |

| 분류 | | 기호 |
|------|------|------|
| 비사업용 (관용포함) | | 가, 나, 다, 라, 마, 거, 너, 더, 러, 머, 버, 서, 어, 저 고, 노, 도, 로, 오, 보, 소, 오, 조 구, 누, 두, 루, 무, 부, 수, 우, 주 |
| 영업용 | 일반 | 아, 바, 사, 자 |
| | 택배 | 배 |
| | 렌터카 | 허, 하, 호 |

이들 번호 체계를 바탕으로 비사업용 승용차 번호판을 만들게 되면 모두 1987만 2000가지를 만들 수 있다.

$$69 \times 32 \times 9000 = 19,872,000$$

승용차 대수가 계속 늘어남에 따라 2019년에는 맨 앞의 수를 2자리에서 3자리수로 늘렸다. 만약 자리수를 이와 같이 늘리지 않고 가운데 한글 문자를 늘리면 어떻게 될까? 이를테면 '갸냐댜랴먀'와 같이 5개의 한글을 추가하면 모두 37가지가 되어 번호판의 개수는 2297만 7000가지로 늘릴 수 있다.

$$69 \times 37 \times 9000 = 22,977,000$$

따라서 승용차의 대수가 더 늘어나게 되면 또 다른 한글 기호들을 조금씩 바꾸어 표기하면 되지 않을까? 하지만 번호판에 들어가는 한글이 너무 복잡해지면 단속카메라가 번호판을 제대로 인식하지 못하는 경우가 생길 수도 있다.

세계 첫 자동차 등록번호는 프랑스 파리에서 시작되었다. 1893년 한 경찰이 더 효과적인 단속을 위해서 시속 30km로 달리는 차량의 왼쪽에 차주 이름과 주소, 전화번호를 기재하여 부착하게 한 것이 그 시초이다.

우리나라에서 자동차 번호판은 일제강점기 때인 1904년에 처음 등장했다. 당시 '오이리 자동차 상회'라는 회사가 우리나라 최초로 전국 9개 노선을 허가받고 자동차 영업에 나서면서, 검은색 철판에 흰 글씨를 새긴 자동차 번호판을 사용했다고 한다. 번호판 오른쪽에는 차를 등록한 도시 이름의 한문을 위에서 아래로 내려쓰고, 왼쪽엔 경찰에서 발급해준 2자리의 숫자를 표기했다.

이후 자동차 번호판은 몇 번의 개정을 거쳤는데, 2004년 차를 등록한 지역명을 빼기 전까지 지역명과 일련번호를 함께 넣는 방식을 사용했다.

2006년에는 자동차 번호판을 멀리서 식별하기 어렵다는 논란이 일자, 번호판의 디자인을 가로로 길어진 형태로 바꾸고 초록색 바탕에 흰색 글씨에서 흰색 바탕에 검은색 글씨로 바꿨다.

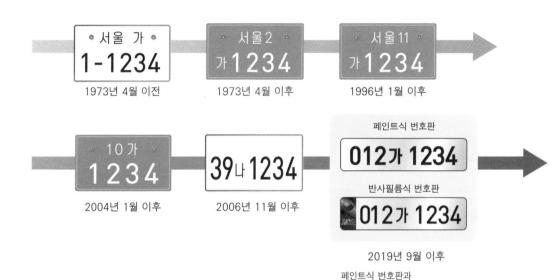

2019년 9월부터 새롭게 다는 번호판에는 밤에도 알아보기 쉽도록 하기 위해 기존 페인트식 번호판 외 '반사필름식' 번호판을 디자인했다. 홀로그램은 미등록 등의 불법차량 번호판 위변조를 방지하기 위해 추가되었으며, 태극 문양과 국가축약문자도 새겨졌다.

2017년 6월부터는 친환경 자동차 번호판도 새롭게 단장되었다. 전기차, 수소연료전지차에 부여될 수 있는 번호판은 연파랑의 색상이 적용되며, 왼편에는 전기차를 상징하는 플러그 모양과 대한민국 상징 태극 문양, 오른쪽엔

전기자동차 · 수소연료전지자동차 전용 번호판.

EV<sup>Electric Vehicle</sup> 표시가 추가 되었다.

그 외에 외교용 차량에는 감청색 바탕에 흰색 문자가, 운수사업용 차량에는 황색 바탕에 검정색 문자가 새겨진다. 임시운행허가는 흰색 바탕에 검정색 문자에 3mm 적색사선이 들어간다.

건설기계 중장비 차량에도 번호판이 붙는데 주황색 바탕에 흰색 문자로 새겨진다.

이제 여러분은 색상과 문자가 다양하게 표현된 우리나라 번호판을 구분할 수 있을 것이다.

횡단보도 보행시간은 어떻게 정해질까?

타야 할 버스가 횡단보도 건너편 정류장에 도착했다. 빨리 달려가면 탈 수 있는데, 빨간색 횡단보도 신호등이 발목을 잡는다. 신호등 색깔이 빨리 바뀌어야 하는데 마음만 다급해진다. 무사히 버스에 탑승한 후 버스가 출발하자 마음이 느긋해지면서 궁금증이 생긴다.

보행자에게 횡단보도 녹색 보행신호는 목숨을 지켜주는 신호이다. 그런데 짧게 시간이 주어진다고 느꼈다면 횡단보도 보행시간은 어떻게 정해질까? 보행자가 건너기엔 빠듯한 시간이라고 자주 느끼게 되듯 정말 시간을 짧게 주는 걸까?

기본적으로 일반보행자가 횡단보도를 건널 때 녹색 신호시간은 (보행진입시간 7초) + (횡단보도 1초당 1m)를 원칙으로 결정한다. 예외적으로 보행약자 (어린이, 어르신, 장애인)나 유동인구가 많아 보행밀도가 높은 지역의 횡단보도는 **1초당 1m가 아닌 1초당 0.8m**를 기준으로 녹색 신호시간을 정해 더 긴 보행시간을 제공하기도 한다.

예를 들어, 횡단보도 길이가 32m일 경우, 기본적으로는 (보행진입시간 7초) + (일반보행 녹색신호시간 산정기준 $\frac{32\text{m}}{1\text{m/s}} = 32$(초))로 39초 동안 녹색신호 시간이 유지되지만, 보행약자나 유동인구가 많은 곳에서는 (보행진입시간 7초) + (보행약자 녹색신호 시간 산정기준 $\frac{32\text{m}}{0.8\text{m/s}} = 40$(초))로 47초까지 늘어난다.

최근 들어서는 세계적으로 보행권에 대한 보장과 보행환경 개선 등 인간 중심적인 교통 운영의 중요성이 대두되면서 교차로 운영을 보행자 중심으로 전환해야 한다는 패러다임의 변화로 기존의 틀을 깨면서 횡단보도의 모양도 바뀌고 있다. 그 결과 대각선 횡단보도는 우리나라를 비롯한 여러 국가에 확대되고 있는 추세이다.

그렇다면 보행자 중심의 패러다임에서 선택한 것이 왜 대각선 횡단보도일까?

대각선 횡단보도는 교차로에서 보행자들이 대각선 방향으로 바로 건널 수 있다. 별도의 보행전용 신호로 보행자는 한 번에 바로 대각선으로 이동할 수 있어 편리하다. 그리고 모든 차량이 완전 정지함에 따라 안전사고가 예방되는 장점이 있다.

대각선 횡단보도, 혹은 X자형 횡단보도라고 불리는 횡단보도는 사거리 등의 교차로에서 가로세로 방향으로 놓인 횡단보도 이외에 대각선 방향으로 가로지르도록 설치된 것을 말한다. 대각선 횡단보도가 설치된 곳은 보행 신호등이 일시에 녹색으로 전환되면서 차량 신호등은 모두 적색 신호가 된다. 그 결과 일제히 모든 차량 통행을 일시 정지시켜 보행자들이 어느 방향으로든 동시에 건너갈 수 있도록 한다. 이때 보행자들이 뒤섞여 지나가는 모습을 따와 스크램블 교차로<sup>scramble intersection</sup>라고도 부르는데, 이는 일본과 캐나다에서 주로 부르는 명칭이다.

스크램블 교차로.

대각선 횡단보도에는 탁월한 교통안전 향상 요소 중 대표적으로 꼽히는 것은 다음과 같다.

첫째, 우리나라에서 만연하게 발생하는 차량이 교차로에서 무리하게 우회전하면서 생기는 사고를 예방할 수 있다. 대각선 횡단보도가 설치된 교차로는 적색 신호 시 차량 우회전이 원천적으로 금지돼 있음은 물론 일단 전 보행 신호 시 차량은 교차로 내에 진입이 불가능한 교통 체계이다.

둘째, 대각선 방향으로 횡단 시 기존 ㄷ자 형태에서 X자 형태로 건너게 되므로 기존 2회에서 1회 횡단으로 횡단거리 단축 및 대기 시간이 감소하며 보행 광장화에 따라 다수 보행자가 동시에 횡단이 가능하다.

도로교통공단이 분석한 대각선 횡단보도 설치 전후 전체 사고 증감률을 살펴보면 설치 전과 비교해 설치 후 사고가 11.68% 감소했으며, 중상 이상 사고는 32.41% 감소했다. 또 초등학생, 아동지킴이, 운전자 등을 대상으로 설문 조사를 진행해본 결과 무단횡단 비율 감소, 신호위반 비율 감소, 횡단 시간 감소를 체감하는 등 보행자 안전성 향상에 많은 기여를 하고 있음을 알 수 있다. 이런 까닭에 많은 지자체에서는 보행밀집지역 및 학교주변 등에서 대각선 횡단보도의 설치를 추진하려는 분위기가 확대되고 있다.

제 **5** 장

우주의 신비를 만나는

# 천문대의

주요 도구, 수학

갤럭시 은하.

센타우루스 A.

안드로메다 은하.

오메가 성운.

마우나카우 천문대.

항공우주의 도시 툴르즈에 있는 태양계 축소판.

우주를 관찰하는 천체 망원경들.

# 인류의 로망 그리고 희망, 우주

가끔 광활한 우주를 상상하며 '푸른 별 지구'라는 말을 쓸 때가 있다. 사실 내가 두 발로 서 있는 지구가 별이라고 생각하면 신비로움까지 느껴진다. 하지만 엄격히 말하면 지구는 별이 아니다. 별은 태양처럼 자기 내부의 에너지 복사로 스스로 빛을 내는 항성을 말하며, 지구와 같이 항성의 빛을 반사하여 빛나는 행성, 위성, 혜성 등과는 구별이 된다.

밤하늘을 장식하는 수많은 별들만큼이나 무한한 상상력을 일으키는 우주. 지구를 벗어나면 화성, 토성 등이 맨 눈으로 보일 것만 같은 태양계가 있고 태양계를 벗어나면 태양계를 포함하고 있는 우리 은하가 있다. 계속해서 우리 은하를 벗어나면 셀 수 없이 많은 또 다른 은하들이 우주를 이루며 우주는 지금도 팽창하고 있다. 그리고 이와 같은 우주는 무한한 상상력의 근원지가 될 수밖에 없다.

우주 저 넘어 어딘가에 외계생명체들이 존재하는 것은 아닐까? 존재한다면 어떤 모습일까? 영화 속 내용처럼 이미 우리 지구 어딘가에서 외계생명체들이 몰래 살고 있는 것은 아닐까? 서로 다른 두 시공간을 연결하는 구멍인 웜홀을 통해 다른 시공간으로 가면 또 다른 지구가 존재할까? 블랙홀을 통해 우주여행, 시간여행이 가능할까? 등등.

상상력에 또 다른 상상력을 불러일으키는 우주에 이끌린 별바라기들이 가장 많이 찾는 곳은 천문대일 것이다. 예로부터 우주의 비밀을 푸는 데 중요한 역할을 해온 장소가 바로 천문대였을 테니 말이다. 천문대에서는 대구경의 망원경으로 미지의 우주를 들여다볼 수 있다. 현실에서 직접 찾아가 확인할 수 없는 아련하고 멀기만 한 우주를 그야말로 현실로 만들어주는 곳이 천문대인 것이다.

빛이 거의 없는 한적한 곳에서 우리를 둘러싼 지구와 우주를 대구경의 천체망원경으로 본다면 어떠할까?

천문대는 원래 별과 우주의 관측을 목적으로 한 학자와 연구자를 위한 시설이었지만 현재는 일반인들이 공개관측을 할 수 있도록 시설을 개방하는 천문대가 늘어나고 있다. 현재 우리나라에는 70여 개에 달하는 천문대가 있다. 각 지방자치단체는 일상에서 접하기 어려운 천문학과 우주를 시민들이 보다 친근하고 쉽게 이해할 수 있도록 도심 가까운 곳에 지어 운영하고 있다. 그래서 지자체에서 운영하는 시민천문대나 공립천문대는 가격도 비교적 저렴하고 시설도 좋아 고성능의 망원경으로 하늘을 관찰할 수 있다.

각 천문대는 보통 주관측실과 보조관측실, 다양한 체험이 가능한 전시실, 돔형 천장에 빔을 쏴 마치 우주 안에 있는 느낌을 체험하는 천체투영실로 이루어져 있다. 주관측실에는 대구경의 망원경이 있어 낮에는 특수필터를 사용해 태양의 홍염을 관측하고, 밤에는 행성이나 성운 및 성단 관측을 할 수 있다. 또 보조관측실에서는 비치된 다양한 종류의 망원경을 통해 천체를 관측할 수 있으며, 전시실에는 다양한 체험 장치 및 전시자료를 통해 쉽고 친근하게 지구와

대전시민천문대.

영월 별마로천문대.

곡성 섬진강천문대.

영천 보현산천문대.

우주를 이해할 수 있도록 돕고 있다.

　이 장에서는 천문대에서 볼 수 있는 전시자료들 중 우리가 살고 있는 지구와 지구가 돌고 있는 태양, 지구를 돌고 있는 달에 대해 살펴보고 천문대의 필수 장치인 망원경의 종류 및 원리에 대해서도 알아보자. 이는 우리가 우주를 관찰하고 이해하는 데 매우 유용한 기초 지식을 전해줄 것이다.

# 지구, 달 , 태양의 크기 측정

수금지화목토천해! 태양계 행성들의 첫글자만을 따서 붙여놓은 것이다. 아래
그림은 태양과 이들 행성들의 크기를 시각적으로 비교하기 위해 나열해 놓은

것이다. 실제로 크기는 지구의 반지름의 길이를 1이라 할 때, 수성은 0.4, 금성은 0.9, 화성은 0.5, 목성은 11.2, 토성은 9.4, 천왕성은 4, 해왕성은 3.9, 태양은 109라고 할 수 있다. 이를 바탕으로 크기가 큰 순서대로 나열하면 다음과 같다.

| 태양 | 목성 | 토성 | 천왕성 | 해왕성 | 지구 | 금성 | 화성 | 수성 |
|------|------|------|--------|--------|------|------|------|------|
| 109 | 11.2 | 9.4 | 4 | 3.9 | 1 | 0.9 | 0.5 | 0.4 |

위의 행성들 간 크기 비교는 지구를 기준으로 한 것이다. 그렇다면 기준이 된 지구의 크기는 얼마일까? 또 지구의 크기를 어떻게 알아낼 수 있을까?

## 지구의 크기 측정

지구의 크기를 최초로 구한 사람은 무려 2,200여 년 전에 살았던 고대 그리스의 천문학자 에라토스테네스이다. 그는 알렉산드리아 도서관장으로 있으면서 우연히, 남쪽에 위치한 시에네(현재의 아스완)라는 지역에서는 1년 중 가장 낮이 긴 하짓날 정오 무렵에 태양이 깊은 우물의 수면에 수직으로 비추어 보인다는 글을 읽게 되었다.

이에 에라토스테네스는 자신이 살고 있는 알렉산드리아에서도 같은 현상이 나타나는지를 확인하기 위해 하짓날 지면에 수직하게 막대를 세워두었다. 그런데 시에네에서와 달리 막대가 그림자를 만든다는 것을 확인하였으며, 이것은 지구가 편평하지 않고 둥글기 때문이라고 생각했다. 만약 지구가 둥글지 않다면 알렉산드리아와 시에네에서의 그림자 길이는 같아야 할 테니 말이다.

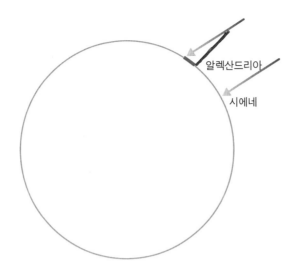

에라토스테네스는 지구가 둥근 공 모양으로 알렉산드리아와 시에네가 같은 경도상에 위치하며, 지구가 태양으로부터 아주 멀리 떨어져 있기 때문에 지구에 닿는 햇빛은 평행광선이 될 것이라 가정했다. 이에 따라 서로 떨어진 두 지역에서는 그림자의 길이가 다르게 나타난다.

그림과 같이 막대와 그림자의 끝이 이루는 각도의 크기 $\theta$는 태양광선이 평행

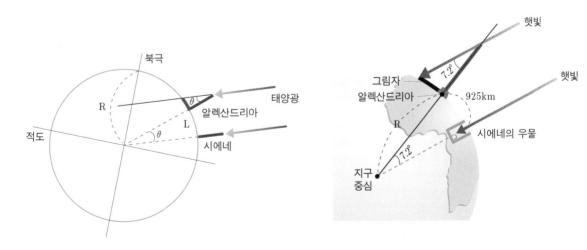

하므로 두 지점 시에네와 알렉산드리아가 이루는 중심각의 크기 θ와 서로 엇각으로 같다. 즉 알렉산드리아에서 측정한 막대와 그 그림자 끝이 이루는 각도 θ가 7.2°이므로 두 지점이 이루는 중심각의 크기 또한 7.2°임을 알 수 있다. 또 당시에 알아낸 시에네와 알렉산드리아 사이의 거리가 925km이므로 이를 이용하여 다음과 같은 비례식을 세울 수 있다.

$$7.2° : 360° = 925 : 2\pi R$$
$$7.2° \times 2\pi R = 360° \times 925$$

따라서 에라토스테네스가 측정한 지구의 크기는 다음과 같다.

$$2\pi R = \frac{360° \times 925}{7.2°} = 46,250 (\text{km}) \quad \text{지구 둘레의 길이}$$

$$R = \frac{46250}{2\pi} = 7365 (\text{km}) \qquad \text{지구의 반지름}$$

실제 지구 둘레의 길이와 반지름의 길이는 각각 약 40,000km와 6,400km이다. 오늘날의 측정값과 오차가 있긴 하지만 고대그리스 시대에 측정한 것이라는 것을 감안하면 매우 정밀하게 측정한 값이라는 것을 알 수 있다.

에라토스테네스가 측정한 결과와 실제 값이 차이가 나는 이유는 실제 지구가 완전한 구형이 아닐 뿐만 아니라 시에네와 알렉산드리아 사이의 거리 측정값이 정확하지 않고 같은 경도 상에 있지 않기 때문이었다. 그림에서 알렉산드리아는 ❷의 위치가 아닌 ❶의 위치에 있으므로 알렉산드리아와 시에네를 이은 선은 자오선의 일부인 호가 아니었던 것이다.

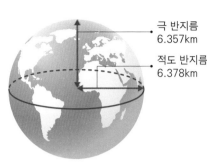

극 반지름
6.357km

적도 반지름
6.378km

실제 지구의 모양

알렉산드리아

동경 29°
북위 31°

시에네

동경 32°
북위 24°

알렉산드리아와 시에네는
같은 경도상에 있지 않다.

그럼에도 불구하고 인공위성은 물론 자동차도 없던 시대에 이런 생각을 할 수 있었다는 것은 매우 놀라운 일이 아닐 수 없

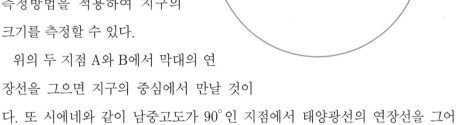

다. 에라토스테네스가 측정한 방법은 오늘날 적용해도 전혀 문제가 되지 않는다. 예를 들어 땅에 세운 막대의 그림자가 생기는 두 지점 A, B가 같은 경도 상에 위치한다면 에라토스테네스의 측정방법을 적용하여 지구의 크기를 측정할 수 있다.

위의 두 지점 A와 B에서 막대의 연장선을 그으면 지구의 중심에서 만날 것이다. 또 시에네와 같이 남중고도가 90°인 지점에서 태양광선의 연장선을 그어 지구의 중심에서 만나도록 한다.

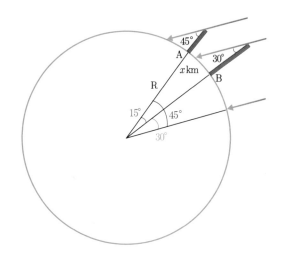

이때 두 지점 A와 B 사이의 거리를 $x$km라고 하면 다음과 같은 비례식을 세워 지구의 크기를 측정할 수 있다.

$$15° : x = 360° : 2\pi R$$

## 달의 크기 측정

### 1) 삼각형의 닮음비를 이용

크기가 매우 큰 물체나 멀리 떨어져 있는 물체는 그 크기를 직접 재기가 어렵다. 이럴 때 닮은 도형의 성질을 이용하면 간접적으로 크기를 알 수 있다. 실제로 이 방법을 이용하여 거대한 피라미드의 높이를 잰 수학자가 있다. 기원전 624~546년에 활동한 그리스의 수학자이자 철학자인 탈레스는 다음과 같이 막대의 그림자 길이를 잰 다음, 닮은 삼각형 ABC와 삼각형 DEF의 닮음비를 이용하여 피라미드의 높이를 계산했다.

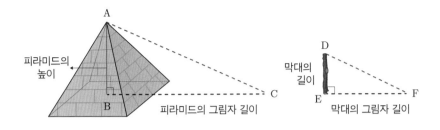

$$\begin{matrix} \textbf{피라미드의} \\ \textbf{높이} \end{matrix} : \begin{matrix} \textbf{피라미드의} \\ \textbf{그림자 길이} \end{matrix} = \begin{matrix} \textbf{막대의} \\ \textbf{길이} \end{matrix} : \begin{matrix} \textbf{막대의} \\ \textbf{그림자 길이} \end{matrix}$$

$$\overline{AB} : \overline{BC} = \overline{DE} : \overline{EF}$$

$$\overline{AB} = \frac{\overline{BC} \times \overline{DE}}{\overline{EF}}$$

지구에서 가장 가까운 달 또한 멀리 떨어져 있을뿐더러 그 크기가 거대하여 직접 크기를 잴 수는 없다. 이 경우에도 삼각형의 닮음을 이용하여 대략적인 크기를 알 수 있다.

보름달이 뜨는 날, 동전을 앞뒤로 움직여 보름달이 가려질 때 동전까지의 거리를 측정한다. 다음 그림에서 삼각형 ABC와 삼각형 APQ가 닮음이므로 동전의지름을 $d$, 대응변인 달의 지름을 $D$, 동전까지의거리를 $l$, 대응변인 달까지의거리를 $L$이라 하면 닮음비를 이용하여 달의 지름을 구할 수 있다.

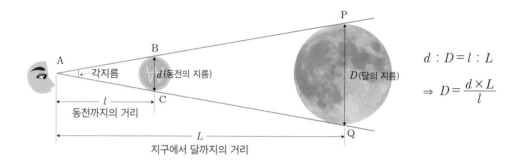

$d : D = l : L$

$\Rightarrow D = \dfrac{d \times L}{l}$

이때 지구에서 달까지의 거리 $L$은 384,400km로 계산한다. 지구를 비롯한 행성은 모두 타원궤도를 그리며 태양의 주위를 운동하고 있다. 달 또한 지구 주위를 타원궤도를 그리며 돌고 있다. 이에 따라 달과 지구까지의 거리가 항상 일정한 것이 아닌, 약 35만~43만km 사이에서 변하므로 그 평균거리인 384,400km로 계산한다.

현재 지구에서 달까지의 거리는 지구에서 전파나 레이저를 달에 발사하고 달의 표면에서 반사해 되돌아오는 시간을 측정하여 계산하고 있다. '**아폴로 계획**'에 의해 달에는 빛을 되돌아온 방향으로 반사하는 반사경이 여러 장 놓여 있다. 광속도 $C$에 빛의 도달시간 $t$를 곱해 계산한다. 달에 닿은 레이저광이 반사해 돌아오기까지의 시간은 2.56초이다. 지구에서 달까지의 거리 $L = c \times t \fallingdotseq$ 300,000(km/s)×1.28(초)= 384,000km가 되며, 보다 정확하게는 384,400km 이다.

# 도형의 닮음과 닮은 도형의 성질

## 도형의 닮음

어떤 도형을 일정한 비율로 확대하거나 축소한 도형은 처음 도형과 닮음인 도형이다. 닮음인 도형은 변의 길이는 일정한 비율로 변하지만 세 각의 크기는 각각 서로 같다.

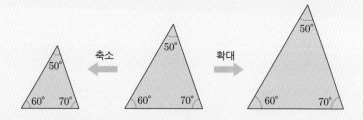

## 닮은 도형의 성질

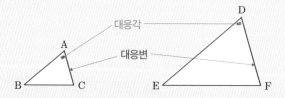

서로 닮은 두 두 평면도형에서

① 대응하는 변의 길이의 비는 일정하다.

$$\overline{AB} : \overline{DE} = \overline{BC} : \overline{EF} = \overline{AC} : \overline{DF}$$

② 대응하는 각의 크기는 서로 같다.

각A=각D, 각B=각E, 각C=각F

# 종이상자를 만들어 달의 크기를 재어보자

준비물 : 두꺼운 종이(A4사이즈) 2장, 셀로판지1장

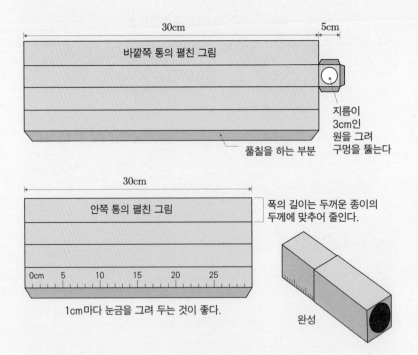

바깥쪽 통의 펼친 그림

30cm     5cm

풀칠을 하는 부분

지름이 3cm인 원을 그려 구멍을 뚫는다

안쪽 통의 펼친 그림

30cm

폭의 길이는 두꺼운 종이의 두께에 맞추어 줄인다.

0cm   5   10   15   20   25

1cm마다 눈금을 그려 두는 것이 좋다.

완성

① 그림과 같이 두꺼운 종이를 사용하여 종이상자를 만든다.

② 바깥상자의 한쪽 끝에 동그란 구멍을 뚫어 놓은 곳에 셀로판지를 붙인다.

③ 보름달이 뜨면 상자로 달을 들여다 보며 셀로판지 원과 달의 크기가 일치할 때 까지 안쪽 상자의 길이를 조정하여 전체 길이를 잰다.

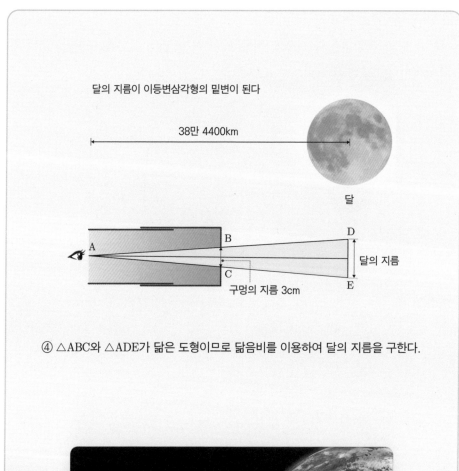

달의 지름이 이등변삼각형의 밑변이 된다

38만 4400km

달

B

D

달의 지름

A

C

E

구멍의 지름 3cm

④ △ABC와 △ADE가 닮은 도형이므로 닮음비를 이용하여 달의 지름을 구한다.

## 2) 달의 각지름을 이용

각지름은 관측자의 눈과 천체의 지름 양 끝이 이루는 각도를 말한다. 달이 평균거리에 있을 때 달의 각지름은 $0.5°$이다.

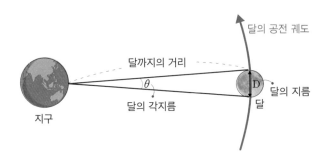

따라서 지구에서 달까지의 거리를 $L$, 달의 지름을 $D$라 할 때 다음과 같은 식을 세울 수 있다. 이때 달의 지름인 $D$는 달의 공전궤도의 호라 가정하여 계산한다.

$$\theta : 360° = D : 2\pi L$$

이때 $L = 384,400\text{km}$이므로 $D$는 $\dfrac{0.5° \times 2\pi \times 384,400}{360°} ≒ 3353\text{km}$이다. 그런데 실제 달의 지름은 3476km으로 알려져 있다.

# 태양의 크기 측정

---

수학실험

# 종이상자를 만들어 태양의 크기를 재어보자

준비물 : 두꺼운 종이(A4사이즈) 2장, 자 1개

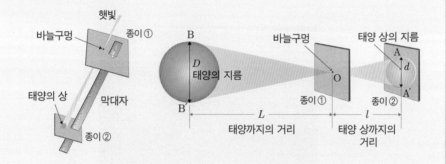

① 2개의 두꺼운 종이를 준비해서 하나에는 바늘구멍을 뚫고, 다른 하나는 태양 반대편에 놓아둔다. 바늘구멍이 뚫린 종이 ①은 이동이 가능하게 설치한다.

② 바늘구멍이 뚫린 종이를 움직여 바늘구멍을 통과한 태양의 상이 2mm가 되는 순간, 두 종이 사이의 거리를 측정한다.

③ 바늘구멍의 양쪽에 생긴 2개의 삼각형은 닮음꼴이라는 사실을 이용한다. △AA′O 와 △BB′O가 서로 닮음 도형이므로 다음과 같은 식을 세울 수 있다.

$$D : L = d : l$$

이때 지구와 태양 사이의 거리($L$)는 150,000,000km로 계산한다.

실제로 태양의 지름은 약 $1.39\times10^6$km으로 지구의 지름 12,756km의 약 109 배 정도이다.

$$1,390,000 \div 12,756 \fallingdotseq 108.97$$

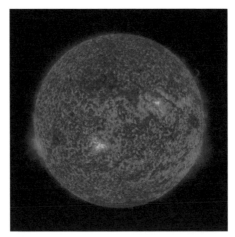

태양.

# 달이 400배나 큰 태양을 가리는
## 우주쇼의 합리적 이유

 2019년 7월 2일, 지구상에서는 최대의 우주쇼가 열렸다. 태양과 달과 지구가 정확하게 일직선상에 놓이면서 지름이 태양 지름의 $\frac{1}{400}$에 불과한 달이 커다란 태양을 완전히 가려버리는 절묘한 개기일식 상황이 연출된 것이다. 우리나라에서는 볼 수 없었지만 남태평양과 남아메리카 지역의 수천 명의 사람들은 태양이 붉은 초생달 형태가 되었다가 완전한 암흑 속에 빠지는 장관을 즐겼다.

 개기일식이 일어나면 평소에는 태양 광구의 밝은 빛 때문에 볼 수 없었던 코로나를 관측할 수 있다.

 400배의 크기 차이에도 불구하고 어떻게 이런 일이 가능했던 걸까?

 지구에서 태양과 달을 보면 거의 비슷한 크기로 보인다. 하지만 태양의 지름은 약 1,390,000km이고, 달의 지

개기일식.

름은 약 3476km로 태양이 400배 정도나 크다.

$$1,390,000 \div 3476 \fallingdotseq 399.88$$

  엄청난 크기 차이에도 불구하고 태양과 달이 비슷한 크기로 보이는 까닭은 지구에서 태양까지의 거리가 지구에서 달까지의 거리에 비해 약 400배만큼 멀기 때문이다. 태양과 지구 사이의 거리는 약 149,600,000km이고, 달과 지구 사이의 거리는 약 384,400km이다. 따라서 그 거리를 비교해 보면 다음과 같이 약 400배가 됨을 알 수 있다. 이것이 바로 크기가 다른 태양과 달이 비슷한 크기로 보이는 까닭이다.

$$149,600,000 \div 384,400 \fallingdotseq 389.18$$

  달이 지구 주위를 공전하는 동안 태양, 달, 지구가 일직선상에 놓이게 되면 지구 표면에 달그림자가 생긴다. 이때 달의 본 그림자가 위치한 지역에서는 태양이 전혀 보이지 않게 되는 현상을 개기일식이라 하고, 달의 반그림자가 위치한 지역에서는 달이 태양의 일부만을 가리게 되는데 이를 부분일식이라 한다.

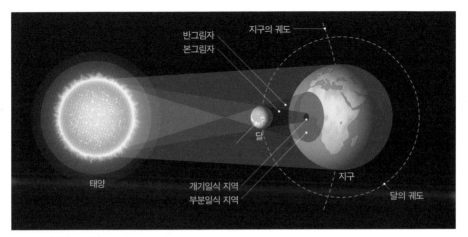

일식이 일어나는 장면.

　태양의 지름은 달의 지름보다 400배 정도 크고, 지구로부터의 거리는 태양보다 달이 400배 정도 가깝다. 이때 달과 태양의 겉보기 크기(시직경)가 거의 같아 실제 우리 눈에는 태양과 달의 크기가 비슷해 보이는 까닭에 개기일식 때 상대적으로 크기가 작은 달이 커다란 태양을 완전히 가린 것처럼 보이는 것이다. 그런데 달의 공전궤도가 타원이므로 태양과 달, 지구가 일직선상에 놓이게 되더라도 지구와 달 사이의 거리가 먼 곳에서 일식이 발생하면 달이 태양을 완전히 가릴 수 없게 된다. 이때는 태양이 둥근 반지 모양으로 보이게 되는데 이를 금환식이라 한다.

　따라서 개기일식은 태양과 달의 크기, 지구로부터 태양과 달의 거리, 지구와 달의 공전궤도 등이 절묘하게 맞아떨어지지 않으면 일어날 수 없는 매우 보기 힘든 천문현상인 것이다.

　한편 달이 지구 주위를 공전하는 동안 태양, 지구, 달이 일직선상에 놓이면 지구의 그림자에 의해 달이 가려지게 된다. 이때 달이 지구의 본그림자 속으로 완전히 들어가는 현상을 개기월식이라 한다. 달에 지구의 본그림자의 일부가 걸쳐 있을 때를 부분월식, 지구의 반그림자에 달이 들어갈 때는 반영식이라고 한다.

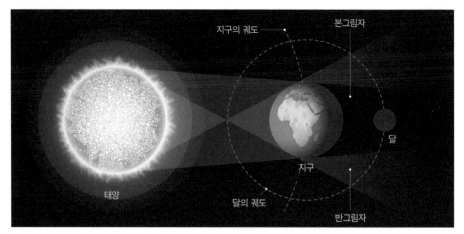

월식이 일어나는 장면.

지구의 공전궤도면과 달의 공전궤도면은 아래 그림과 같이 일치하지 않고 약 5°가량 기울어져 있다. 따라서 두 궤도가 교차하는 A와 C의 경우에만 태양, 지구, 달이 모두 동일 선상에 놓이게 되므로, 일식과 월식은 지구의 공전궤도면과 달의 공전궤도면이 만나는 곳에서만 볼 수 있다.

즉 삭과 망일 때마다 항상 발생하는 것이 아닌, A와 C와 경우에 일식은 삭일 때 나타나고 월식은 망일 때 나타난다. 만일 지구의 공전궤도면과 달의 공전궤도면이 일치했다면 삭과 망일 때마다 일식과 월식이 매번 일어났을 것이다.

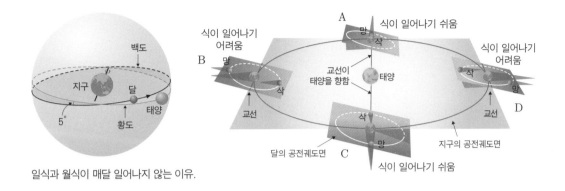

일식과 월식이 매달 일어나지 않는 이유.

| 이름 | 망 | 하현망 | 하현 | 그믐달 | 삭 | 초승달 | 상현 | 상현망 |
|---|---|---|---|---|---|---|---|---|
| 위상 | | | | | | | | |

대낮임에도 개기일식이 일어나면 주변은 밤처럼 캄캄해진다. 그래서 태양 옆의 별을 볼 수 있기도 하다. 고대에는 태양이 1시간 정도 가려져 암흑세계가 되자 지상에 흉사가 나타날 징조로 믿었던 적도 있었다. 이 때문에 개기일식에 대한 관심이 높아져 개기일식 예보까지 하게 됐다.

요즘 세계인들에게 개기일식은 세기의 볼거리인 우주쇼가 되었다. 한반도에서 개기일식을 볼 수 있는 것은 2035년 9월 2일로 예정되어 있다. 평양 지역과 강원도 일부 지역에서 관찰 가능할 것으로 예상된다.

# 우주를 보는 또 하나의 눈, 망원경

천문대에는 일반인들이 보유하기 어려운 대구경의 천체망원경이 설치되어 있다. 아마도 이것이 바로 별바라기들이 천문대를 가는 이유가 아닐런지.

망원경은 먼 곳의 사물을 관측할 때 이용하는 광학기구로, 발명된 이후 어떻

VLT, 칠레          ELT, 유럽          켁 망원경, 미국 하와이    TMT,

천체 망원경이 있는 중요 천문대.

게 하면 더 멀리 있는 어두운 대상을 선명하게 볼 수 있을까에 초점을 맞춰 발전되어왔다. 지상에서 우주를 보는 망원경을 천체망원경이라고 한다. 특히 천체망원경은 볼록렌즈나 거울(반사경)을 이용하여 별빛을 모아 별의 상을 만들고, 이 상을 확대하여 관측하는 관측도구이다.

망원경을 처음으로 만든 사람은 1608년 네덜란드의 안경원에서 렌즈를 연마하던 한스 리퍼세이Hans Lippershey였다. 그는 두 개의 렌즈를 적당한 간격으로 두었을 때 멀리 있는 물체를 확대해 볼 수 있다는 사실을 우연히 발견하고 최초로 유리렌즈를 써서 광학굴절망원경을 발명했다.

이 소식을 들은 갈릴레오 갈릴레이는 이듬해인 1609년 볼록렌즈와 오목렌즈를 조합해 갈릴레이식 망원경을 만들었다. 갈릴레이는 자신이 만든 이 망원경으로 하늘을 처음 관찰하고, 은하수가 별들로 이루어졌으며 토성의 고리, 태양의 흑점 등을 발견해 놀라운 결과를 발표했다.

1611년 요하네스 케플러가 볼록렌즈 2개를 조합해 케플러식 망원경을 만들었는데, 이것은 갈릴레이식 망원경에 비해 배율을 높이고 시야도 넓힌 것이

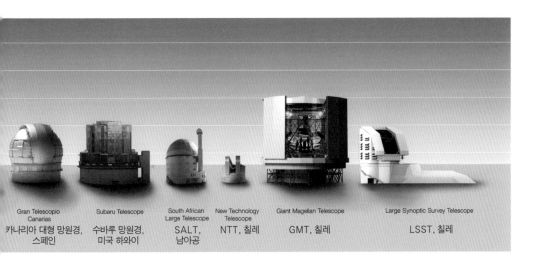

Gran Telescopio Canarias
카나리아 대형 망원경, 스페인

Subaru Telescope
수바루 망원경, 미국 하와이

South African Large Telescope
SALT, 남아공

New Technology Telescope
NTT, 칠레

Giant Magellan Telescope
GMT, 칠레

Large Synoptic Survey Telescope
LSST, 칠레

었다.

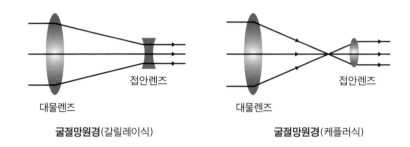

**굴절망원경**(갈릴레이식)          **굴절망원경**(케플러식)

1668년 뉴턴은 케플러식 망원경의 단점을 보완한 망원경을 만들었다. 렌즈 대신 금속으로 된 오목거울과 평면거울을 사용하여 뉴턴식 반사망원경을 발명한 것이다. 그는 반사경을 이용한 결과 망원경의 길이를 짧게 만들 수 있었으며, 나아가 배율까지 높임으로써 당시에는 놀라운 성능을 지닌 망원경으로 인정받았다.

1672년에는 프랑스의 카세그레인이 획기적인 개념의 망원경을 만들었다. 가운데 구멍이 뚫린 반사경과 작은 볼록거울을 사용한 것으로, 주경이 반사한 빛을 부경이 다시 반사시켜 주경의 가운데 구멍으로 나가게 하는 것이다.

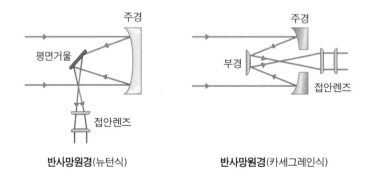

**반사망원경**(뉴턴식)          **반사망원경**(카세그레인식)

1781년부터는 윌리엄 허셜이 반사경의 재료인 금속합금을 개량하여 만든 구경 15cm의 뉴턴식 반사망원경으로 천왕성을 발견한 이후, 거대 망원경들이 만들어지기 시작했다.

이와 같이 보다 개량된 망원경이 만들어지면서 새로운 행성과 행성의 주위를 도는 위성들을 발견하는 등 망원경의 개발은 천문학 연구에 큰 영향을 끼쳤다.

굴절망원경.

반사망원경.

20세기에는 금속반사경 대신 유리반사경을 사용하게 되면서 여러 종류의 망원경이 개발됐고, 새로운 망원경이 나올 때마다 우주에 대한 인간의 인식에 커다란 변화가 일어났다. 미국은 1991년부터 하와이 마우나케아산 정상에 6각형 반사경 36개를 이어 붙인 구경 9.8m나 되는 망원경을 설치해 운영하고 있다. 심지어 지구 대기의 영향이 없는 우주 공간에도 망원경을 설치했다. 1990년 4월 24일 우주왕복선이 지상 610km 상공에 실어다 놓은 구경 2.4m의 허블망원경이 바로 그것이다.

광학 망원경 외에도 1930년대에는 전파 망원경, 1960년대에는 적외선 망원경이 개발되었다. 그리고 네덜란드의 조그만 안경점에서 시작된 망원경의 역사는 곧 천문학의 역사가 되었다.

천체망원경은 렌즈나 오목거울을 이용해서 빛을 초점에 모으는 것이 기본원리이며, 빛을 모으는 방식에 따라서 굴절망원경, 반사망원경, 반사굴절망원경으로 나뉜다. 여기에서는 각 망원경이 빛을 모아 상을 맺는 원리에 대해 알아보기로 하자.

## 굴절망원경

굴절망원경은 빛이 렌즈를 통과할 때 굴절되는 특성만을 이용해 빛을 모을 수 있도록 만든 망원경이다. 대물렌즈와 접안렌즈의 조합에 따라 갈릴레이식과 케플러식 망원경으로 나뉜다.

### 1) 갈릴레이식 굴절망원경

갈릴레이식 굴절망원경은 볼록한 대물렌즈와 오목한 접안렌즈를 조합하여 만든 망원경이다. 망원경을 통해 정립(똑바로)된 상을 볼 수 있지만 오목한 접안렌즈를 사용함에 따라 시야(볼 수 있는 영역)가 좁다. 중심에서 떨어진 가장자리 부분의 색이 번지는 현상인 색수차가 나타난다. 주로 오페라 관람용, 측지용 등으로 사용되며, 천문용으로는 잘 이용되지 않는다.

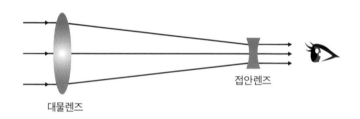

### 2) 케플러식 망원경

1611년 요하네스 케플러는 갈릴레이식 굴절망원경과 달리 볼록한 접안렌즈를 사용한 굴절망원경의 설계에 대한 내용을 발표했다. 케플러 자신이 직접 망원경을 제작하지는 않았지만 그가 처음으로 설계한 망원경인 까닭에 케플러식 망원경이라 부른다.

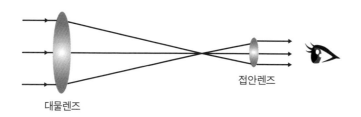

대물렌즈

접안렌즈

케플러식 망원경은 물체의 상이 거꾸로 보이기 때문에 지상용으로는 부적합하지만 천체는 뒤집혀 보여도 별 상관이 없으므로 천체 관측용으로 많이 사용되며, 접안렌즈 앞에 직각프리즘(또는 직각 거울)을 설치하면 정립된 상을 볼 수 있다. 일반적으로 사용되는 대부분의 쌍안경이 케플러식 망원경이지만 이처럼 직각 프리즘이 설치되어 있어 마치 갈릴레이식 망원경처럼 상을

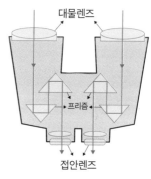

대물렌즈

프리즘

접안렌즈

쌍안경의 구조와 원리.

정립으로 볼 수 있다. 볼록한 접안렌즈를 사용함에 따라 시야가 넓으며 색수차가 생긴다.

여키스 천문대의 케플러식 망원경.

# 원뿔곡선(이차곡선)

직원뿔을 꼭짓점을 지나지 않는 평면으로 잘랐을 때 생기는 단면의 여러 평면곡선을 원뿔곡선이라 하며 원, 타원, 포물선, 쌍곡선이 있다.

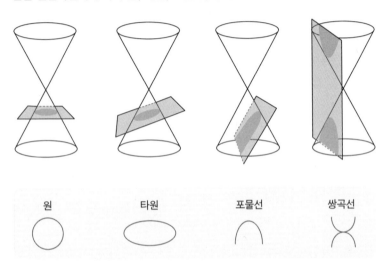

위의 네 곡선 중 포물선, 타원, 쌍곡선에 대한 주요 용어들을 소개하면 다음과 같다.

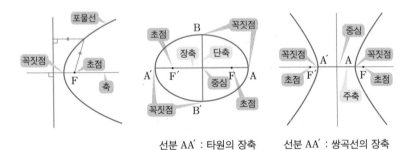

선분 AA´ : 타원의 장축
선분 BB´ : 타원의 단축

선분 AA´ : 쌍곡선의 장축

# 이차곡선의 광학적 성질

## ① 포물선의 광학적 성질

축에 평행하게 입사한 빛은 포물선 위의 한 점에서 반사하여 초점을 향해 진행한다.

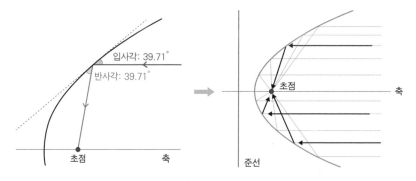

## ② 타원의 광학적 성질

타원의 한 초점에서 방사된 빛은 타원 위의 한 점에서 반사한 후 다른 초점을 향해 진행한다.

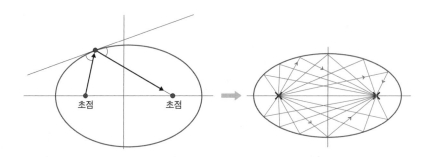

### ③ 쌍곡선의 광학적 성질

쌍곡선의 한 초점을 향한 빛은 쌍곡선 위의 한 점에서 반사한 후, 반대쪽 초점
을 향해 진행한다.

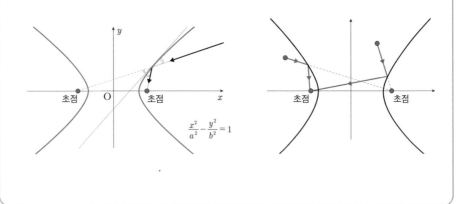

## 반사망원경

반사망원경은 빛이 반사하는 원리를 이용하므로 렌즈 대신 거울(반사경)을 이
용하여 상을 맺게 하는 망원경이다. 반사망원경이 발명된 이유는 굴절망원경의
**색수차** 때문이다. 그래서 색수차가 생기는 렌즈 대신 반사경을 사용하는 방법을
연구했다. 반사망원경은 같은 크기의 굴절망원경에 비해 제작비용이 저렴하며
상이 밝고 색수차가 거의 없어 성운, 성단, 은하 등의 관측에 적합하고 대형망
원경에 적합하다.

## 1) 뉴턴식 반사망원경

1668년 영국의 천문학자이자 물리학자인 아이작 뉴턴 <sup>Isaac Newton</sup> 이 고안한 것
으로 포물면 주경과 평면의 부경을 조합하여 만든다.

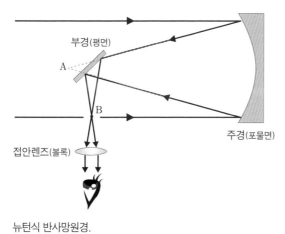

뉴턴식 반사망원경.

뉴턴의 망원경.
그리니치왕립박물관에 보관된
도서의 이미지 중 일부.

뉴턴식 망원경은 중간이 뚫려 있지 않은 주경으로 받아들인 빛을 45°의 평
평한 부경이 다시 반사시킨다. 이때 멀리서 온 빛들은 포물면 주경에 반사되면
포물선의 광학적 성질에 따라 초점 A에 모아지게 되는데, 초점에 모이기 전에
부경이 가로채듯이 중간에서 이 빛들을 초점 B로 반사시켜 밖으로 끌어내는
형식이다. 코마수차가 나타나는 단점을 가지고 있다.

## 2) 카세그레인식 반사망원경

카세그레인식 망원경은 프랑스의 공작기술자 로랑 카세그렝이 뉴턴식 망원
경의 단점을 보완하기 위해 고안한 망원경이다. 중심이 뚫려 잇는 **포물면 주경**과
**쌍곡면의 부경**을 조합하여 만드는 데 이때 주경의 초점과 부경의 초점이 A지점

에서 일치하도록 설계한다.

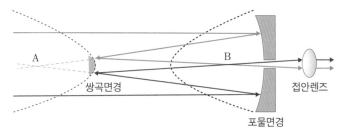

쌍곡면경  A  B  접안렌즈

포물면경

카세그레인식 망원경.

카세그레인식 망원경-1850년대 작품.

망원경은 중간이 뚫려 있는 포물면경(주경)으로 받아들인 빛을 다시 중앙의 볼록한 쌍곡면경(부경)으로 반사시키는데 이때 반사된 빛이 주경의 뚫려 있는 부분으로 통과한다. 멀리서 온 빛들은 중간에 포물면 주경에 반사되면 포물선의 광학적 성질에 따라 초점 A에 모아지게 될 것이다. 그런데 주경에 반사된 빛은 초점 A로 진행하기 전 중간에 부경 쌍곡면에 반사되어 초점 B로 진행하여 접안렌즈를 통과한다. 뉴턴식 망원경과 마찬가지로 코마수차가 나타난다.

카세그레인식 망원경이 코마수차가 나타남에 따라 이를 제거하기 위해 주경과 부경을 모두 쌍곡면으로 조합한 리치-크레티앙식 망원경이 개발되기도 했다. 허블 우주 망원경(구경 2.5m)이나 켁[Kech] 망원경(구경 10m) 등

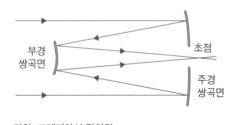

부경 쌍곡면  초점  주경 쌍곡면

리치-크레티앙식 망원경

세계적인 대형 천체망원경이 거의 이 방식을 사용하고 있다.

### 3) 그레고리식 반사망원경

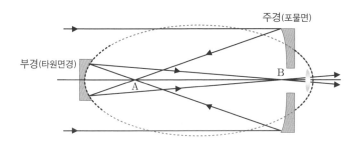

그레고리식 반사망원경

1663년 스코틀랜드의 수학자이자 천문학자인 제임스 그레고리 James Gregory 가 처음으로 창안했다. **포물면 주경**의 초점과 **타원면 부경**의 초점이 일치하도록 주경과 부경을 조합하여 설계한다. 뉴턴식보다 먼저 고안되었지만 타원면으로 된 부경을 연마할 수 있는 방법을 찾지 못해 뉴턴식보다 늦게 제작되었다.

그레고리식 **망원경**(1735 Putnam Gallery 하버드 대학).

포물면 주경은 포물선을 회전시켜 만든 것으로, 주경을 포물면으로 이용하는 이유는 포물선의 축에 평행하게 들어오는 빛이나 전파가 포물면에 반사된 후 한 점(초점)에 모이기 때문이다. 멀리서 온 빛들이 망원경에 들어오면 모두 포물면에 반사되어 포물선의 광학적 성질에 따라 초점 A를 통과하게 된다. 초점 A를 통과하여 부경 타원면에 반사된 빛은 다시 타원의 광학적 성질에 의해 초점 B를 지나 경통 뒤에서 상이 맺히게 된다. 이때 상은 2회 반전되어 정립된 상이 된다.

그레고리식 망원경의 대표적인 예로 칠레 라스 캄파나스 산 정상에 세워지고 있는 거대마젤란망원경<sup>Giant Magellan Telescope</sup>(이하 GMT)이 있다. 2015년 11월 칠레의 라스캄파나스 <sup>Las Campanas</sup> 천문대에서 기공식을 가지고 설치에 들어간 GMT는 하버드대 등 5개 나라 11개 기관이 함께 추진해온 지름 25.4m의 사상 최대 규모의 광학 망원경이다. 2009년부터 10%의 지분을 투자하여 반사경 기술개발 등에 참여하고 있는 한국천문연구원도 망원경이 완공되면 1년에 한 달 가량 이 망원경을 이용할 수 있다. 그런데 특이하게도 GMT는 대형천체 망원경으로는 잘 쓰이지 않는 그레고리식 망원경(주경과 부경이 모두 오목거울)으로 제작되고 있다.

그렇다면 왜 거대마젤란망원경에는 볼록렌즈 대신 오목거울을 사용하는 것일까?

거대마젤란망원경.

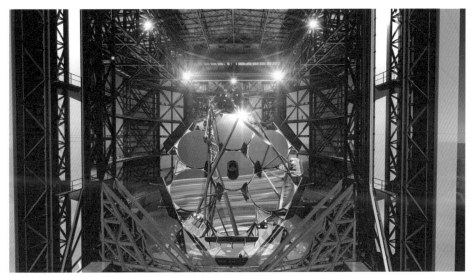

거대마젤란망원경.

가장 큰 이유는 바로 기술력이다. 현재 기술로는 지름 25m의 볼록렌즈를 만드는 것이 불가능하기 때문이다. 또 주초점이 지상 약 160에 위치하는 부경 아래에 존재하므로 여기에 인공별을 두어 망원경의 광학적 시스템을 검정할 수도 있다. 이것은 카세그레인식 망원경에서는 할 수 없는 일이다.

## 반사-굴절망원경

반사망원경의 경통 앞에 여러 수차를 보정하기 위해 적당한 보정렌즈를 장착한 망원경을 반사-굴절망원경이라 한다. 즉 이 망원경은 반사경과 굴절렌즈를 모두 사용하는 것이다. 대표적으로 **슈미트-카세그레인식 망원경**을 들 수 있다.

주경은 중심이 뚫려 있는 오목한 **구면경**이며 부경은 카세그레인식의 부경과 마찬가지로 볼록한 **쌍곡면경**을 사용한다. 경통의 앞부분에는 구면수차를 보정하는 보정렌즈가 설치되어 있으며 부경은 대개 보정렌즈에 붙어 있다. 주경에 반사된 빛은 부경에서 다시 반사된 후 주경의 중심에 뚫린 구멍을 통과해 초점을 맺도록 설계되어 있다.

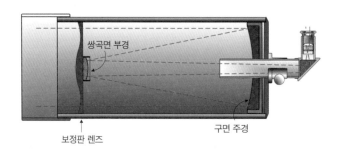

쌍곡면 부경

보정판 렌즈

구면 주경

## 우주 망원경

우주 망원경은 천체 관측 용도로 지구 대기권 바깥의 우주로 쏘아 올린 인공위성 즉, 우주에 떠 있는 망원경을 말한다.

우주에는 구름도 없고, 대류 현상도 없고, 대기권의 간섭도 없고, 방해되는 불빛도 없기에, 같은 성능의 망원경으로 훨씬 좋은 품질의 화상을 얻을 수 있다. 대표적으로 허블 망원경이 있다.

최근엔 기술의 발전으로 가시광이나 근적외선 같은 흡수가 적은 영역은 지상 망원경으로도 관측이 가능해지고 있다. 하지만 지상 망원경의 경우 1년의 절반은 낮이므로 기본적으로 관측이 불가능하고, 남은 일수의 절반은 또 달의 존재로 인하여 고품질의 관측을 수행하기 힘들다. 거기다가 구름이나 상층 대기의 상태에 따라 남은 일수는 더더욱 줄어들게 된다.

그에 반해 우주 망원경은 사실상 태양이나 지구에 의해 가려지는 부분을 제외하면, 1년 내내 온 하늘을 관측할 수 있다. 즉 지구의 낮과 밤, 날씨와 상관없이 경우에 따라서는 24시간 관측을 지속할 수 있다는 것도 장점이다.

미국의 천체물리학자 라이만 스피처가 우주로 망원경을 올리자는 제안을 최초로 한 뒤 **허블 우주 망원경**이 발사되었다.

허블 우주 망원경이 대기권 밖에서 안드로메다 은하(Messier 31)를 관찰하고 있는 모습을 이미지화했다.

허블 우주 망원경이 생기기 이전의 천체 관측은 고대 이래로 지상에서만 이루어졌다. 이 경우 날씨에 따라 관측하기 어려운 날이 있으며, 빛이 대기권을 통과하면서 산란되거나 공기의 온도 변화나 흐름에 의해 이미지가 흐려지고 일부 파장(천체 관측에서는 가시광선만이 아니라 적외선과 마이크로파를 비롯해 다양한 파장의 빛이 사용된다)이 대기권에 흡수되게 된다. 하지만 망원경을 대기권 밖의 궤도에 올리면 이런 단점을 일시에 해결할 수 있어 천문학이나 천체물리학 분야에서 매우 유용한 관측 도구가 될 수 있다.

허블 우주 망원경은 그림과 같이 오목한 **쌍곡면 주경**과 볼록한 **쌍곡면 부경**을 조합한 릿치-크레티앙 반사망원경이다.

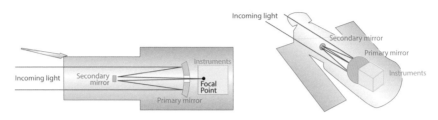

허블 우주 망원경의 개략도. 망원경에 들어온 빛은 주거울과 보조거울에서 반사된 뒤 초점을 맺는다. 초점면에 맞어진 빛을 이용해 주거울 뒤쪽에 있는 여러 과학측정 기기에서 관측이 이루어진다. (출처: Hubblesite.org)

27년간 허블 우주 망원경은 우주의 팽창 속도가 빨라지고 있으며, 우주의 나이가 138억 년이라는 것과 블랙홀의 존재 등을 밝혀내는 성과를 이루었다. 하지만 2021년까지 임무를 수행한 후 제임스웹 우주망원경<sup></sup>James Webb Space Telescope(이하 JWST)에게 바통을 넘겨주고 은퇴해 스미소니언박물관에 보관될 예정이다.

JWST는 광학 망원경인 허블 망원경과 달리 적외선 망원경이다. 적외선은 가시광선보다 파장이 길기 때문에 우주 공간의 첩첩이 쌓여 있는 먼지를 뚫고 훨씬 멀리 떨어진 곳까지 도달할 수 있다.

JWST는 미국 항공우주국(NASA)과 유럽 우주국(ESA) 그리고 캐나다 우주국(CSA)의 협력 하에 제작되고 있다. 2002년에 NASA의 제2대 국장인 제임스 E. 웨브James E. Webb의 이름을 따서 현재의 이름으로 명명되었다. 이 망원경은 2021년 3월 30일 프랑스령 기아나에 있는 기아나 우주 센터에서 아리안 5 로켓에 실려 발사될 예정이다.

JWST는 허블 우주 망원경처럼 지구 주위를 도는 것이 아니라 지구에서 150만 km 떨어진 태양–지구의 L2 **라그랑주 점**에 위치하게 되는데, 그렇게 되면 망원경의 관측 시야에서 태양과 지구가 동일한 상대적 위치에 놓이게 되어 차광판이 제대로 역할을 수행할 수 있게 된다. 하지만 허블 우주 망원경이 지표로부터 610km라는 비교적 낮은 궤도상에 위치하고 있어 광학 기기에 이상이 있을 때 수리나 부품 교체가 가능했던 데 반해, JWST는 먼 거리 때문에 그럴 수 없다는 단점이 있다. 따라서 JWST에 문제가 생겨버리면 문제가 생긴 상태로 관측해야 한다.

현재 제작중인 JWST의 무게는 허블 우주 망원경의 절반 수준인 6.5t에 불과하지만 베릴륨을 주소재로 한 주 반사경의 지름은 허블 우주 망원경의 2.5배인 6.5m에 달한다. 과학자들은 제임스웹의 성능이 허블의 100배 이상일 것으로 보고 있다.

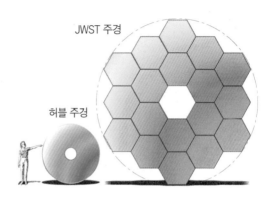

주 반사경은 한 장으로 되어 있지 않고 직경이 1.3m인 18개의 거울을 연결해 만들었다. JWST에 사용된 반사경은 다음과 같은 3-미러 아나스티그맷 [3 Mirror anastigmats] 반사경으로 구성되어 있다. 이 반사경은 망원경에서 주로 나타날 수 있는 여러 광학수차를 보정하고 넓은 시야에서 볼 수 있도록 설계된 것이다.

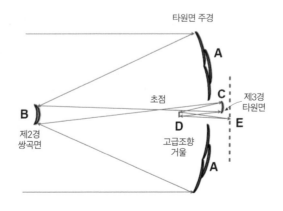

JWST는 완전히 펼쳐진 상태로는 현재의 발사체로 운반하기에 너무 큰 나머지, 주 반사경 조각들과 보조 반사경들은 발사 전에는 접혀져 있다가 망원경이 발사된 후에 우주에서 펼쳐지도록 할 예정이다.

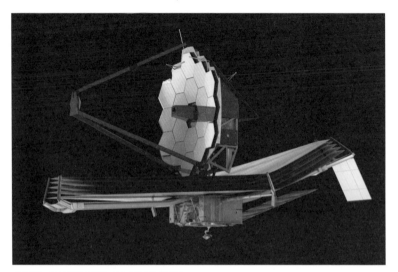

JWST는 2021년 우주로 보내질 예정이다.

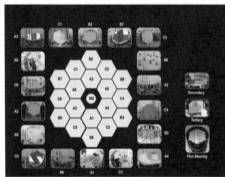

JWST의 거울 배치도.

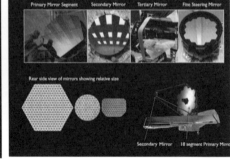

JWST의 주목적은 지상에 설치된 망원경이나 허블 우주 망원경이 관측하지 못했던, 우주의 아주 먼 곳에 있는 천체들을 관측하는 것이다. 최근 NASA가 발표한 제임스웹의 13가지 연구 과제 중 가장 중요한 것은 135억 년 전 최초의 별(은하)을 찾아 우주의 비밀을 푸는 것이다. 외계 행성 역시 제임스웹의 주요 관측 목표다. 이제 안전하게 발사되어 허블 우주 망원경을 뛰어넘는 고성능 우주망원경으로서 현재의 관측 한계를 극복하고 우주의 신비와 비밀을 푸는 데 큰 역할을 할 것을 기대한다.

# 천체 망원경의 종류와 렌즈 정보

우주의 신비를 푸는데 중요한 역할을 하고 있거나 하게 될 천체 망원경의 렌즈에 대한 기본 정보를 모았다.

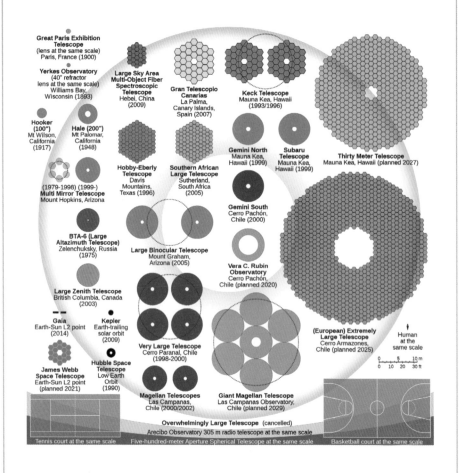

# 우주정거장의 최적의 장소, 라그랑주점

흔히 우주를 무중력 공간이라 생각하는 경우가 많다. 어떤 물건이건 가만히 놔두면 그대로 둥둥 떠 있을 것 같다. 하지만 실제로는 그렇지 않다. 다른 별이나 중력의 영향을 받기 때문에 우주에 떠 있는 물체는 계속 움직이게 된다. 그럼에도 주위에 두 개 이상의 천체에서 받는 인력이 교묘하게 상쇄되는 곳이 존재한다. 이곳은 바로 먼 훗날 인류가 우주여행을 자유롭게 하게 되면 지상에서 일단 이

조제프 루이 라그랑주

곳까지 간 다음, 이곳에서 다른 우주선으로 갈아타거나 연료 등을 보충한 다음 다시 화성이나 목성 등으로 이동하는 우주정거장의 최적의 장소로 추천되는 라그랑주점이다. 라그랑주점이라 불리는 이유는 수학자이자 천문학자인 조제프 루이 라그랑주 Joseph Louis Lagrange가 처음 발견했기 때문이다.

그렇다면 라그랑주점은 어디에 있는 것일까?

지구 주위의 라그랑주점의 위치는 모두 5개로 알려져 있다. 라그랑주의 머리글자 L을 따서 각각 L1, L2, L3, L4, L5로 불린다. 라그랑주점 중 지구에서 가장 가까운 것은 L1과 L2이다. L1과 L2는 대형 우주발사

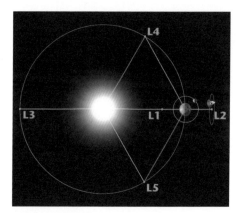

5개의 라그랑주점.

체를 이용하면 한 번에 갈 수 있는 거리라서 여러 가지 우주시설을 설치하기 좋다. 가장 가깝다 보니 우주정거장을 건설할 때 가장 먼저 고려되는 위치이기도 하다.

L1을 먼저 살펴보기로 하자.

지구와 태양을 일직선으로 그으면, 지구에서 태양 방향으로 약 150만km 떨어진 곳에 있다. 이곳에서 태양의 중력과 지구의 중력이 똑같아진다. 지구–달 거리(약 38만km)의 4배 정도 되는 거리이다. 지구에서 항상 같은 자리에서 바라볼 수 있으니 '태양관측'을 하기에는 최고의 위치이

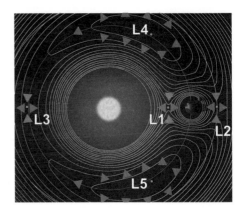

다. 그래서 태양 및 태양권 관측선(SOHO), 일명 소호위성이 이미 이곳에 자리 잡고 항상 태양을 바라보면서 관찰하고 있다. 태양이 지구에 미치는 영향은 아주 크기 때문에 태양을 24시간 관찰하기 위해서는 최적의 장소이다.

L2는 지구에서 태양의 반대방향으로 약 150만km 떨어진 곳에 있으며, 학술적으로 아주 가치가 높은 곳이다. 이곳은 항상 지구를 등지고 있으며, 지구의 그림자 속에 숨어 있게 된다. 관측을 방해하는 밝은 태양빛을 등지고 먼 우주를 바라볼 수 있는 최적의 장소이다. 현재 미 항공우주국(NASA)이 발사한 윌킨슨 마이크로파 비등방성 탐색기(WMAP)라는 복잡한 이름의 인공위성이 이곳에 자리 잡고 있다. 2021년 발사예정인 '제임스웹 우주망원경'도 이곳에 자리 잡을 예정이다. 만약 먼 우주로 여행을 떠나기 위한 우주정거장을 만들려면 L1이나 L2가 유력한 후보가 될 수 있을 것으로 보인다.

L3는 지구와 같은 거리에서 태양을 중심으로 정반대 방향에 자리한다. 지구에서 L3까지 가려면, 일단 태양을 지나친 다음 그 만큼의 거리를 날아가야 한다. 만약 이곳에 태양 관측위성을 올려놓을 수 있다면 유리한 점이 많다. 태양의 뒤편을 항상 감시할 수 있다면 태양폭풍 등 여러 가지 좋은 정보를 많이 얻을 수 있을 것이다.

L1과 L2, L3는 지구와 태양을 직선으로 연결한 선 위에 존재한다. 다른 우주 공간에 비해 중력의 영향을 적게 받으며 또 안정적이긴 하지만, 미세한 위치 조정을 해 주지 않으면 궤도를 벗어나 태양 쪽으로 끌려갈 가능성이 조금 있는 편이다. 따라서 이 위치에 관측용 위성이나 우주기지 등을 올려놓으면 미세한 조정을 계속해 나가야 궤도를 유지할 수 있다.

이와 달리 L4와 L5는 상당히 안정적이다. 이 두 라그랑주점은 지구 궤도의 앞뒤쪽 60° 지점에 위치한다. 태양까지의 거리도 1억 4,960만km로 지구와 같다. 먼 우주에서 오는 중력과 지구, 태양의 중력이 하나로 합쳐져 삼각형을 이루는 위치에 자리 잡고 있기 때문이다. 어느 정도 궤도가 벗어나도 그 자리로 되돌아가려는 힘이 생긴다. 인력이 안정된 범위도 넓어서 L1, L2, L3보다 훨씬 많은 수의 우주 시설물을 올려놓을 수 있다.

아틀란티스 우주왕복선과 러시아 우주정거장 미르.

# 보리소프 혜성,
# 만남 후 영원한 이별의 비밀은 쌍곡선 궤도!

 2019년 8월 30일, 천문학계를 흥분시킬 만한 소식이 들려왔다. 태양계 밖에서 날아온 외계손님, 혜성이 발견되었다는 것이다. 바로 2I/보리소프 혜성이다. 혜성의 명칭은 발견자인 겐나디 블라디미로비치 보리소프 <sup>Gennadiy Vladimirovich Borisov</sup> 박사의 이름을 따서 지은 것이다. 보리소프는 본인이 직접 만든 0.65m 구경의 망원경으로 발견했다고 한다.

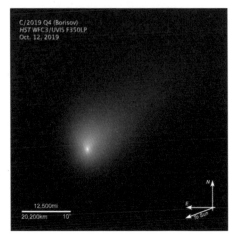

 혜성은 얼음과 먼지로 되어 있어 태양 주위를 돌때 얼음이 녹아 멋진 꼬리를 보여주는 천체이다. 그중에서도 보리소프 혜성은 평범하게 태양을 도는 혜성이 아닌 태양계의 바깥에서 찾아온 손님이다. 그래서 특별히 성간천체 Interstella object 라 부르기도 한다. 2017년 10월 태양계를 스쳐 지나간

허블 우주 망원경이 촬영한 기/보리소프 .

'1I/오무아무아 <sup>Oumuamua</sup>'에 이어 두 번째로 발견된 성간천체라는 의미로 2I라는
번호를 부여받았다.

태양계 외곽을 향해 가고 있는 오무아무아 행성 이미지.

하지만 아쉽게도 태양계 밖에서 찾아온 손님답게 2019년 12월 30일 지구에
약 2억 7천 360만km까지 접근했다가 점점 태양계에서 멀어져 다시 성간 공간
으로 튕겨져 나가 긴 여행을 떠났다. 단 한 번의 만남 후 다시는 볼 수 없는 영
원한 이별의 길을 떠난 것이다.

보리소프 혜성과 달리 이미 널리 알려져 있는 혜성계의 유명인사인 핼리 혜
성은 약 75~76년에 한 번씩 되돌아온다. 핼리 혜성은 기록상으로 기원전 240
년경 중국 천문학자가 최초로 관측했다고 하며, 1705년 그 주기와 다음 접근
시기를 예측한 영국의 천문학자 에드먼드 핼리의 이름을 따서 명칭을 지었다.
핼리 혜성이 마지막으로 관측된 연도는 1986년으로, 다음 접근 시기는 76년 후

인 2062년 여름이 될 것으로 예측되고 있다.

혜성들 중에는 공전주기가 5.5년(템펠1혜성)인 것이 있는가 하면, 9000년(맥노트 혜성)으로 추정되는 것도 있다. 그렇다면 다시 되돌아오는 이들 혜성들에 반해 보리소프 혜성을 다시 볼 수 없는 이유는 무엇일까?

그것은 궤도 형태가 다르기 때문이다.

태양계 내부에 존재하는 행성과 혜성, 소행성, 위성들은 행성계의 중심별의 주위를 타원궤도를 따라 공전한다. 이에 비해 보리소프 혜성과 같이 태양계 바깥쪽에서 접근하는 혜성은 태양을 초점으로 하는 포물선 궤도나 쌍곡선 궤도를 따라 움직인다. 때문에 타원궤도를 따라 움직이는 것들은

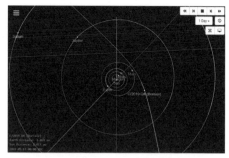

보리소프. 성간 천체 보리소프의 궤도와 2019년 9월 13일 기준 위치.

제자리로 다시 돌아오지만 포물선궤도나 쌍곡선궤도를 따라 움직이는 것들은 다시 되돌아오지 않는다.

태양의 주위에서 지구 등의 행성이 이동하는 궤도의 형태는 원에 가까운 타원모양이다. 독일의 천문학자 요하네스 케플러[1571~1630]는 천문 관측을 통한 방대한 자료를 바탕으로 행성의 궤적이 원이 아니라 타원이라는 사실을 밝혀냈다. 아이작 뉴턴이 만유인력의 법칙을 발견하기 약 반세기 전, 케플러는 티코 브라헤가 평생 동안 천체를 관측하면서 축적한 자료들을 분석하여 '행성은 태양을 한 초점으로 하는 타원 궤도를 그리면서 공전한다(타원궤도법칙)'를 포함한 3가지 행성운동법칙을 발표했던 것이다.

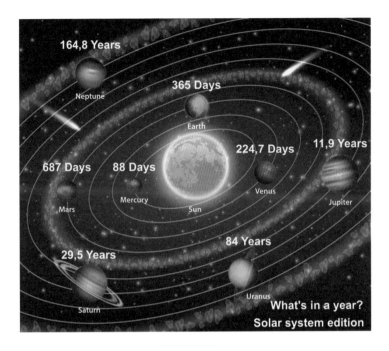

태양계 공전궤도.

일반적으로 궤도의 형태는 이심률 <sup>Eccentricity</sup> 에 의해 결정된다. 이심률은 원뿔곡선이 완벽한 원에서 어느 정도만큼 벗어나 있는지를 말하며 e로 나타낸다. e=0이면 완벽한 원형궤도이고, 이심률 e의 값이 클수록 원형궤도에서 벗어나 보다 납작한 타원궤도를 그린다.

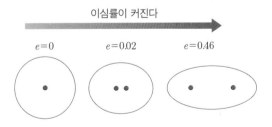

한편 원뿔곡선인 타원, 포물선, 쌍곡선은 한 가지 공통적인 특징을 가지고 있다. 각 곡선 위의 점에서 고정된 직선(준선)까지의 거리와 초점까지의 거리의 비가 일정하다는 것이다.

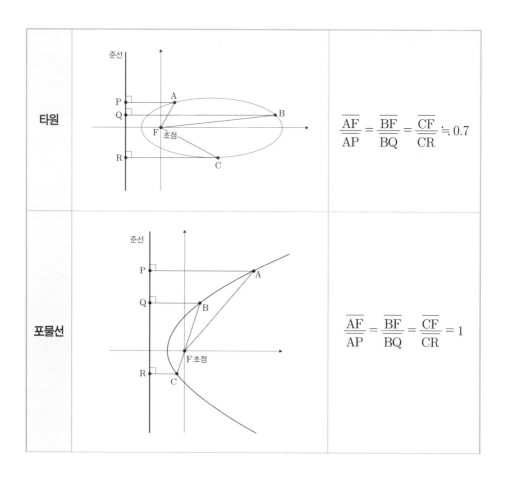

| 타원 | | $\dfrac{\overline{AF}}{\overline{AP}} = \dfrac{\overline{BF}}{\overline{BQ}} = \dfrac{\overline{CF}}{\overline{CR}} \fallingdotseq 0.7$ |
| :--- | :--- | :--- |
| 포물선 | | $\dfrac{\overline{AF}}{\overline{AP}} = \dfrac{\overline{BF}}{\overline{BQ}} = \dfrac{\overline{CF}}{\overline{CR}} = 1$ |

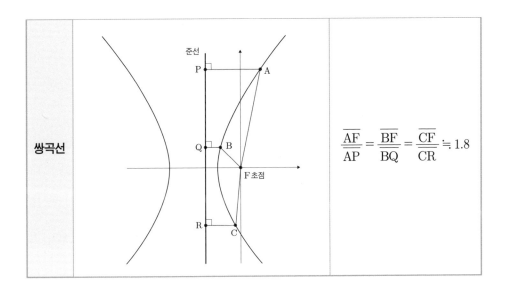

쌍곡선

$$\frac{\overline{AF}}{\overline{AP}} = \frac{\overline{BF}}{\overline{BQ}} = \frac{\overline{CF}}{\overline{CR}} \fallingdotseq 1.8$$

각 곡선에서 이 비를 계산해 보면 타원은 $0 < \frac{\overline{AF}}{\overline{AP}} < 1$, 포물선은 $\frac{\overline{AF}}{\overline{AP}} = 1$, 쌍곡선은 $\frac{\overline{AF}}{\overline{AP}} > 1$ 임을 알 수 있다. 이 일정한 비를 이심률 e로 정의하며, 원뿔곡선의 장축(주축)의 길이와 두 초점 사이의 거리의 비로 계산하기도 한다.

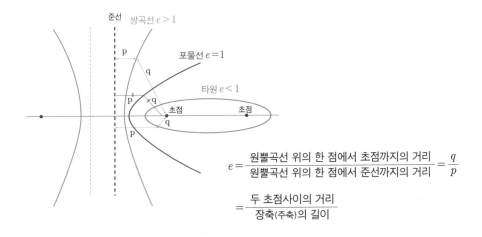

$$e = \frac{\text{원뿔곡선 위의 한 점에서 초점까지의 거리}}{\text{원뿔곡선 위의 한 점에서 준선까지의 거리}} = \frac{q}{p}$$

$$= \frac{\text{두 초점사이의 거리}}{\text{장축(주축)의 길이}}$$

따라서 원의 경우 중심과 초점이 일치하므로 $e=0$이며, 포물선은 그 정의에 따라 곡선 위 한 점에서 초점까지의 거리와 준선까지의 거리가 같으므로 $e=1$이다. 또 타원은 $0<e<1$의 값을 가지며, 쌍곡선은 $e>1$인 값을 갖는다.

이에 따라 태양계의 행성 타원궤도의 이심률은 다음과 같다.

| 수성 | $e=0.2056$ | 목성 | $e=0.0484$ |
|---|---|---|---|
| 금성 | $e=0.0068$ | 토성 | $e=0.0541$ |
| 지구 | $e=0.0167$ | 천왕성 | $e=0.0472$ |
| 화성 | $e=0.0934$ | 해왕성 | $e=0.0086$ |

핼리 혜성은 이심률이 0.9671이므로 매우 납작한 타원궤도를 따라 공전하고 있음을 알 수 있다. 보리소프 혜성의 이심률은 3.2에 달하며 2020년 2월 현재까지 발견된 천체 중 이심률이 2를 넘는 유일한 천체다.

성간 천체는 특정한 항성의 궤도에 묶여 있지 않고 자유롭게 우주를 배회하는 천체이다. 천문학자들은 이 천체의 궤도 모양을 나타내는 이심률을 통해 천체가 어디에서 유래했는지, 그 배경을 추측한다. 쌍곡선 궤도의 1보다 큰 이심률을 가진 천체를 성간 천체로 본다. 보리소프가 성간천체라는 강력한 증거 역시 이심률 때문이다.

1986년 관찰된 핼리 혜성.

# 우주선이 비행하는 곡선 경로, 호만전이궤도

2011년 11월 26일 발사된 화성 탐사선 큐리오시티 호는 화성까지 가는데 최
소한의 연료를 사용할 수 있는 호만전이궤도를 따라 2012년 8월 화성에 도착

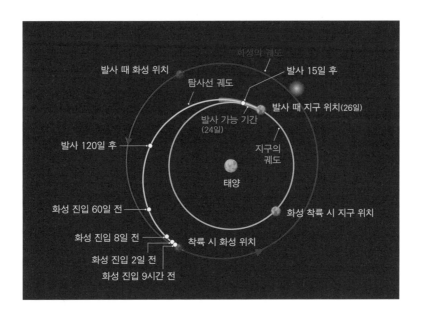

할 수 있었다.

호만전이궤도는 탐사하려고 하는 행성까지 최소한의 연료로 갈 수 있는 비행항적 궤도로서, 지구의 공전궤도와 탐사예정인 행성의 공전궤도를 타원으로 연결하는 새로운 비행궤도이다. 독일의 건축가이며 과학자인 월터 호만 $^{Walter}$ $_{Hohmann}$ 이 1925년 〈천체의 접근 가능성〉이라는 논문에서 처음 발표한 것으로, 지구가 태양을 도는 공전궤도와 탐험하려고 하는 행성의 공전궤도를 타원으로 연결하는 새로운 비행궤도를 말한다.

지구와 화성이 타원의 장축과 만나는 두 꼭짓점 부분에 위치하는 타원궤도를 이루는 호만전이궤도의 경우는 2년이 조금 넘는 780일만에 돌아오므로 발사가 능일을 잘 정하여 탐사선을 이륙시켜야 한다.

그런데 이 타원궤도를 이용하기 위해 굳이 780일이나 기다려 발사가능일에 탐사선을 발사하는 이유는 무엇일까? 우주공간에는 중간에 장애물이 있는 것도 아닌데, 간단히 최단거리인 직선궤도를 따라가면 되지 않을까?

그 이유는 탐사선에 연료를 많이 실을 수 없기 때문이다. 탐사선에 연료를 많이 싣게 되면 아이러니하게도 탐사선 자체가 무거워져 오히려 연료를 많이 소비하게 된다. 이 문제를 해결하기 위해 생각해낸 방법이 바로 타원궤도인 호만전이궤도이다.

지정한 발사일에 ① 지상에서 발사체의 1단과 2단 로켓을 사용하여 ② 탐사선을 상공 200~300km의 **원형 주차궤도**에 올린 다음, ③ 3단 로켓을 점화하여 지구가 공선하는 방향과 같은 방향으로 탐사선을 발사시킨다. 이때 탐사선은 지구 공전 속도인 29.8km/s를 공짜로 얻어

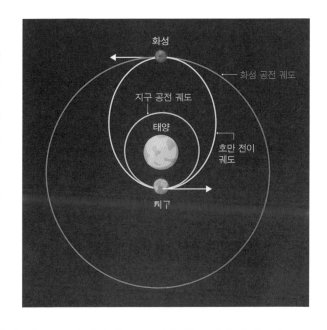

가속할 수 있게 된다. 이것이 바로 호만전이궤도를 이용하는 이유이다. 지구공전 속도를 이용하지 않으면 많은 양의 연료를 사용하여 탐사선의 추진속도를 얻어야 하기 때문이다. 이제 탐사선은 발사속도에 공짜로 얻은 지구 공전속도

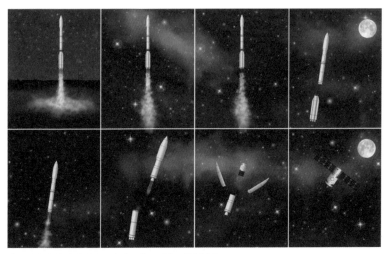

① 지상에서 발사체의 1단과 2단 로켓을 사용하여

를 더한 속도로 날아가며 지구의 중력에서 자유로운 호만전이궤도에 진입하면 된다. ④ 탐사선이 화성에 다다를 즈음 화성의 중력이 탐사선을 화성의 공전궤도로 잡아당기게 될 것이다.

② 탐사선을 상공 200~300km의 원형 주차궤도에 올린 다음

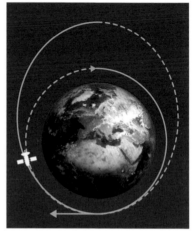
③ 3단 로켓을 점화하여 지구가 공전하는 방향과 같은 방향으로 탐사선을 발사시킨다.

호만전이궤도를 이용한 우주 항법시스템은 직선궤도에 비해 거리상으로 멀리 돌아가고, 정확한 시점이 올 때까지 기다려야 하는 단점은 있으나, 많은 연료를 탑재할 수 없는 우주공간에서의 제약을 감안한 방법이다. 하지만 지구의 중력을 이용한 원심력과 지구 공전속도를 이용한 추가적인 속력 증강효과를 이용한 효율적이며 경제적인 방법이라 할 수 있다.

우주 탐사에 있어서 이런 효율성과 경제성을 고려한 궤도 계산이나 필요한 연료의 양, 탐사선이 가속을 해야 할 정확한 시점 등을 알고 적용하기 위해서는 치밀한 수학적 계산이 뒷받침되지 않으면 성공할 수 없다. 만일 한 치라도 계산이 잘못되면 어떻게 될까? 궤도를 이탈하여 탐사선이 우주 미아가 되거나 탐사선이 폭발하는 등의 상상조차 하기 싫은 일이 벌어지고 말 것이다.

그런데 실제로 이런 일이 일어나기도 했다. 1999년 9월 무인 화성 기후탐사선(MCO)이 화성 궤도에서 폭발하는 사건이 일어났다. 당시 사고는 MCO 제작사인 미국의 록히드마틴이 탐사선의 점화 데이터를 야드(yd)로 작성했지만 미 항공우주국(NASA)의 제트추진연구소(JPL)는 이를 m로 착각해 발생했던 것으로 밝혀졌다.

또 1986년에는 우주왕복선 챌린저호가 폭발하는 참사가 일어났다. 통계적 분석을 할 때 표본을 어떻게 수집하느냐에 따라 결론이 달라질 수 있는데, 이 사건은 발사할 때 사용되는 고체로켓 모터의 접합부위 이상에 대한 '표본선택편의'라는 오류에 따른 것이었다. '표본선택편의'는 전체를 아우르지 못하는 표본을 선정해 발생하는 잘못된 결과를 가리키는 통계학 용어이다.

챌린저 호.

전갈자리 방향으로 지구로부터 약 5900 광년 떨어져 있는 확산성운인 Ngc 6357 이미지.

이들 사건을 발판삼아 현재 러시아, 미국, 중국, 일본, 인도 등 이미 많은 나라에서는 화성탐사, 달 탐사 프로젝트를 계획하고 진행해 가고 있다. 인류의 무대가 점차 우주로 확장되고 있는 것이다. 인류 문명의 또 다른 대전환기가 될 수 있는 이와 같은 우주탐사 과정에 이미 많은 수학자들이 참여하고 있다. 우주선이 발사되는 순간 지상 통제실의 많은 자리를 수학자들이 차지할 정도이며 이 과정에서는 수학은 지금까지 그래왔던 것처럼 필수 도구로서 고도의 정확성과 정밀도를 추구하며 우주탐사의 성공에 대한 원동력으로서의 역할을 충분히 할 것이다.

화성 탐사선 로보.

화성 탐사에 대한 인류의 노력은 계속되고 있다.

# 찾아보기

# 참고 문헌

2011년도 국립고궁박물관 학술연구용역 보고서
　　　조선왕실의 '천문' 과학문화, 2011, 국립고궁박물관

건축물의 구조 이야기　미셸 프로보스트(저자), 그린북, 2013

경복궁의 상징과 문양　황인혁, 시간의 물레(출), 2018

과학으로 풀어보는 음악의 비밀　존 파웰, 뮤진트리, 2012

나의 문화유산답사기9 서울편1　유홍준, 2017, 창비

도로 위의 과학　신부용, 유경수 지음, 지성사, 2005년

왜, 건물은 지진에 무너지지 않을까　마리오 살바도리, 도서출판 다른, 2009

우리 과학의 수수께끼　신동원, 한겨레출판, 2006

우리 역사 과학기행　문중양, 동아시아, 2006

자율 주행 자동차 만들기
　　　리우 샤오산 · 리 리윤 · 탕 지에 · 우 슈앙 · 장 뤽 고디오 지음 , 에이콘출판, 2019

전통조영물의 평면구성에서 나타나는 작도원리　성균관대 대학원, 이주원, 2005

창덕궁 내 모임지붕 정자의 상부구조에 관한 연구　경기대 대학원, 최재성, 2012

천문을 담은 그릇　한국학술정보, 2014

천체망원경은 처음인데요　박성래, 들메나무, 2019

〈조선시대 궁궐 정전일곽의 공간비례와 구성기법에 관한 연구〉
　　　홍익대학교 대학원, 오현진, 2005

# 이미지 저작권

**이미지를 제공하여 주신 모든 분께 감사드립니다.**

모든 이미지의 저작권은 정확히 표현하려 노력했지만 혹시 부족한 부분이 있을지도 모릅니다. 발견 시 수정할 예정이며 저작권 표시가 되지 않은 이미지는 퍼블릭이거나 라이센스 업체의 이미지임을 알려드립니다.